99 個

個

在家玩的
科學實驗

Philippe Nessmann 菲立普・內斯曼

Charline Zeitoun 夏琳・潔頓—— 著

陳蓁美 —— 譯

物質和化學

我們通常是在實驗室和工廠中進行化學實驗，但你知道嗎，你每天也在不知不覺的情況下做化學實驗？洗手時在做，烤蛋糕時也在做！你的身體其實就是一座化學工廠！

目錄

1 什麼是物質

需要準備：

- 一張鋁箔紙
- 剪刀

❶ 將鋁箔紙剪成撲克牌的大小。

❷ 將撲克牌狀的鋁箔紙沿較長的一邊對半剪下，再取其中一張對半剪下。

❸ 繼續對半剪下，一直剪到鋁箔紙變得非常小塊為止。最後它有多小呢？

物質到底是什麼東西？

透過這個實驗，你最後將得到非常小的鋁箔紙屑！如果繼續剪下去，紙屑將小到肉眼都看不見，最後你將得到再也無法切割的微粒物質。這種微粒物質叫做原子，你的鋁箔紙是由數百億的鋁原子組成，金戒指則由金原子所組成。正是因為鋁原子與金原子不同，所以物質也不同。我們周遭的物質都是由原子組成，世界上存在著數百種不同的原子，例如氧原子、氫原子、碳原子、氟原子等等。

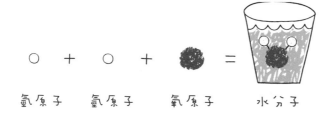

| ○ | ＋ | ○ | ＋ | ● | ＝ | |
| 氫原子 | | 氫原子 | | 氧原子 | | 水分子 |

小字典
原子群會互相黏在一起，跟玩積木遊戲堆磚牆一樣，結成串後稱為「分子」，兩個氫原子結合一個氧原子就變成水分子。

**通常像黃金或鐵這類金屬都很堅硬，
如果想讓它們變成液態，請參閱p36！**

2 製造氣體

需要準備：

- 一包酵母粉
- 半杯醋
- 一個空瓶
- 一個氣球

① 將醋倒入空瓶。

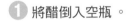

② 將整包酵母粉倒入氣球，
再用氣球封住瓶口。

③ 讓酵母粉掉進瓶子裡，
觀察變化。

什麼是化學？

氣球會自行膨脹，這就是化學反應！醋由許多物質微粒組成，也就是串在一起的原子群。酵母粉也是由串在一起的原子群所組成，這些原子群不同於醋原子。把它們混合後，它們開始發生反應，原來串在一起的原子群分離，重新組合成全新的原子串。在這個實驗中，氣球因為氣泡而膨脹起來，這種氣體叫做二氧化碳，又稱「碳酸氣」，二氧化碳沒有危險，有了它，蛋糕經烘烤後才能膨脹起來。

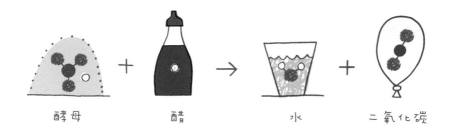

酵母 + 醋 → 水 + 二氧化碳

物質有三態：氣態、固態、液態。
想進一步了解氣體，快做p68的實驗。

3 成功混合無法混合的物質

需要準備：

- 一個玻璃杯
- 水和油
- 洗碗精
- 一支湯匙

❶ 將水倒入杯子至半滿，加入四湯匙油。

❷ 充分攪和並靜置片刻。觀察水和油是否混合在一起？

❸ 加入一匙洗碗精。

❹ 充分攪拌並靜置片刻。觀察水和油是否混合在一起？

你知道嗎？

2500多年前的遠古時代就出現了肥皂，當時的人混合油脂和灰燼做成肥皂，他們雖然知道肥皂能洗淨東西，卻不知道原因，人類還沒有化學的觀念。

為什麼要用肥皂洗手？

水和油脂是不能混合在一起的！原因很簡單，因為油分子不喜歡水分子，油會使勁推開水，所以兩者永遠處於分離的狀態。由於油比水輕，所以會漂浮在水面上，但加了洗碗精情況就不一樣了。肥皂分子有點像大頭針的形狀，它的尾端喜歡油，頂端喜歡水，如此一來，水分子、肥皂分子及油分子便能形成一條鏈子，它們被拴在一塊兒，變成易於沖洗的泡沫，這就是為什麼要用肥皂洗手來清除污垢了。

你能用實驗證明油比水輕嗎？參考p58！

4 製作牛奶團

需要準備：

- 一杯牛奶
- 一個鍋子
- 醋
- 一支湯匙
- 一張咖啡濾紙

① 將牛奶倒入鍋子，請一位大人用小火加熱。

② 加入三湯匙醋並加以攪拌，你將看到團塊慢慢形成。

③ 把濾紙放在杯子上，倒入牛奶，過濾留下團塊。小心別燙到手喔！

④ 團塊冷卻後，你可以隨心所欲揉成各種形狀，靜置數日至乾燥。

小字典
塑膠是一種
由高分子組成的物質，
很容易塑造成形。

如何製造塑膠？

牛奶由水分子和酪蛋白高分子組成，它們在正常狀態下能充分混合在一起，不過加了醋後，酪蛋白分子會凝結成軟塊，你可以把它揉成小彈珠。以前用這種物質做塑料，但今天則用石油。石油是一種來自地底的黑色黏稠液體，它也由高分子組成，經過特殊處理後便能產生塑料。由此可知，藉由工廠進行的化學反應能製造出自然界不存在的全新材料。

既然手邊還有牛奶，那就順便做p136的實驗吧。
你將明白太陽西下時為何會變成橘紅色的！

5 製造鐵鏽

需要準備：

- 一個空罐頭
- 一把銼刀
- 一個盤子
- 兩個寬口碗
- 餐巾紙

① 請一位大人用銼刀在盤子上銼磨罐頭。你需要兩小撮鐵屑。

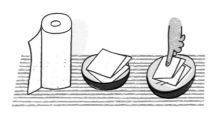

② 撕下兩張餐巾紙，對折兩次，置於碗中。

③ 在其中一個碗裡倒入少許水，使紙巾變濕。

④ 分別在兩個碗中撒上鐵屑，待兩小時後觀察變化。

對或錯？
我們無法防止鐵生鏽。

鐵鏽是什麼東西？

濕紙巾的鐵屑生鏽了，乾紙巾的鐵屑沒生鏽。要讓鐵生鏽，需要兩個元素：水和氧氣。氧氣是空氣中的一種氣體，少了氧氣或水任何一種，都生不了鐵鏽！不過這三種元素全部到齊時就能產生化學變化：鐵原子結合了水原子和氧原子，它們在一起就變成一種新物質：鐵鏽，有了它，才有橘紅色的歡樂色彩。

錯！
其實，我們可以在器皿上塗漆，
油漆能防止鐵接觸到水和空氣。其
實，我們發明了一種不生鏽的特殊鋼
材質：不鏽鋼。又又是不鏽鋼做鍋碗
的，這豈比在刀子上生鏽更沒
實用多了，不是嗎？

我們沒有氧氣就無法生存。
你想知道原因嗎？翻開p82！

15

6 把水「切斷」

需要準備：

- 4.5 V的方形電池（可用三節三號電池的4.5V 電池盒取代）
- 兩條電線
- 鹽巴
- 一杯水
- 膠帶
- 一支湯匙

① 在裝了水的杯子裡倒入一匙鹽巴，充分攪拌讓鹽巴溶解。

② 用膠帶將第一條電線的一端黏在電池的其中一個極片上，再將第二條電線的一端黏在電池的第二個極片上。

③ 請大人協助，將兩條電線的另一端放入鹽水中。觀察水中的電線。

物質和化學

注意
這個實驗只能用4.5伏特的電池，
絕對不能用交流電源的插座，
非常危險，你會觸電！

水由哪些東西組成？

在這個實驗中，電線上會冒出許多氣泡，你利用電池產生的電流製造化學反應，仔細看會出現什麼現象！水由分子組成，而這些微小到肉眼看不到的分子串其實是由三個粒子組成：一個氧原子和兩個氫原子。有了鹽巴，電流才能穿過水，它切斷水分子，這些原子換個方式重新結合，產生了氫氣和氧氣，這也就是電線上的氣泡。

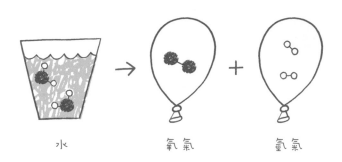

水　　　　氧氣　　　＋　　　氫氣

這個實驗需要電池才能做，不過電流是由什麼組成的呢？
答案可在p148找到。

7 不必吹氣也能弄熄蠟燭

需要準備：

- 兩個加熱燭台
- 火柴
- 兩個不一樣大的玻璃瓶

① 把兩個燭台置於桌子中央，請一位大人將蠟燭點燃。

② 雙手抓住大玻璃瓶，但要倒過來，請大人抓住小玻璃瓶。

③ 兩人同時將玻璃瓶反過來罩住蠟燭，稍待數秒，觀察哪個燭台先熄滅？

對或錯？
能用毯子將剛起火燃燒的
火勢撲滅嗎？

為什麼蠟燭被玻璃瓶罩住後會「窒熄」？

被小玻璃瓶罩住的蠟燭會先熄滅。蠟燭能夠燃燒是因為一種氣體，那就是氧氣，圍繞在我們四周的空氣含有氧氣。起初，兩個玻璃瓶底下都有氧氣，所以兩支蠟燭都繼續燃燒，不過氧氣遇到火焰就變成二氧化碳。兩個玻璃瓶內的氧氣於是越來越少，二氧化碳卻越來越多。當氧氣用完，燭火便熄滅。由於小玻璃瓶含的空氣較少，燭火很快就燒掉氧氣，因此會先熄滅。

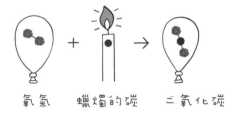

氧氣　　蠟燭的碳　　二氧化碳

對。
如果有人的衣物起火燃燒，得用毯子把它蓋住，這樣就能阻隔一圍繞在它四周的空氣中的氧氣，火便熄滅。

你想知道為什麼燃燒的蠟燭會產生光線嗎？
翻開p110！

8 調製色彩繽紛的神奇果汁

需要準備：

- 一顆紫色甘藍菜
- 一個裝了適量水的鍋子
- 四個玻璃杯
- 醋、檸檬汁、洗衣粉
- 一支湯匙

① 剝下四片菜葉，放入鍋子裡，請一位大人煮滾數分鐘。

② 待菜汁變涼後，倒入少許在四個杯子裡。

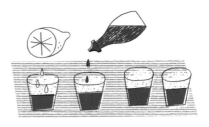

③ 在第一個杯子裡加入少許檸檬汁，在第二個杯子裡加入幾滴醋，攪拌均勻，菜汁有改變顏色嗎？

④ 在第三個杯子，加入一匙洗衣粉，菜汁有改變顏色嗎？

什麼叫酸鹼值試劑？

起初甘藍菜汁呈藍紫色，後來依你添加的東西而改變顏色，
這不是魔法而是化學！加入酸性物質，像檸檬或醋，就變成
紅色，加入跟酸性相反的物質就變成綠色，譬如洗衣粉，甘
藍菜汁就是酸鹼值試劑，想知道某種東西是不是酸性的，把
它倒入甘藍菜汁，看菜汁是否變成紅色就可行了。

**藍色、紅色、紫色……你想不想做更多
和顏色有關的實驗？從p128開始！**

9 觀察蔬菜的變化

需要準備：

- 一個加蓋的玻璃密封罐
- 一些蔬菜水果
- 一把刀子

1 把家裡找得到的蔬菜、水果全部切下一小塊，胡蘿蔔、馬鈴薯、蘋果、番茄、綠豆都可以。

2 把這些蔬果丁放在水龍頭底下沖洗，不必擦乾，直接放入密封罐，蓋上蓋子。

3 將罐子放在暖和的地方，冬天放在暖器上，夏天放在太陽底下，用兩星期的時間觀察它們，偶爾打開蓋子通風。

對或錯？
要做出草莓口味的糖果，
一定得用到草莓嗎？

大自然是化學變化的結果嗎？

變化何其多呀！過了幾天，綠豆發出新芽，胡蘿蔔、馬鈴薯開始腐爛。白色斑點開始出現：那是一些微小的黴菌。原本組成蔬菜水果的分子被切斷後發生變化，形成新分子。大自然到處是化學！連你也是，你本身就是一座化學工廠！比方說，你的唾液和胃部含有酵素，它們會攻擊你所吃的任何食物，並以化學變化的方式把食物切成小塊。

對。
有些糖果沒有人工香料，
這些草莓味的分子很像真正草莓
的分子，只不過它們在化學工廠
製造出來的，大部分的時候，
藥劑師把它們調製出來，以防止
其他水果的腐爛。

**如果你喜歡讓植物長大而不願看著它們腐爛，
那不成問題：翻開p124！**

冷和熱

你一定知道什麼是「冷」什麼是「熱」：你喝熱湯曾被燙到舌頭，冬天時全身打哆嗦。不過，熱從哪裡來的呢？溫度計如何運作？為什麼穿上羊毛衣就能禦寒？

目錄

10 觀察熱的反應

需要準備：

- 兩個玻璃杯
- 水
- 液態鮮奶油
- 一支小湯匙

1 將第一個杯子裝滿冷水，放入冰箱半個鐘頭。

2 從冰箱裡取出同一杯水。將第二個杯子裝滿熱水。

3 用湯匙舀少許液態鮮奶油，分別倒幾滴在兩個杯子裡。你看到什麼變化？

熱是什麼？

因為熱的關係，鮮奶油跟熱水比跟冷水更容易混合。水由超級小的物質粒子組成，這些物質粒子就是分子，它們有點像糖粉粒，不過小到肉眼看不見。當水變熱，這些粒子變得焦躁，它們會用力撞擊並打散鮮奶油。當水變冷，粒子不太愛動，於是鮮奶油維持凝固狀。熱表示物質粒子變得躁動不安，越熱，它們越躁動。

水加熱到100℃會變成什麼樣子？答案見p 52。

11 產生熱

需要準備：

- 一個橡皮擦
- 一張紙

1️⃣ 檢視屋子，找出三種能生熱的物體。

2️⃣ 現在你可以自行生熱。兩手併攏用力摩擦一會兒。你有感覺雙手暖和起來嗎？

3️⃣ 用力在紙上摩擦橡皮擦一會兒。橡皮擦變熱了嗎？

第二個實驗
兩隻手沾肥皂水，用力摩擦吧！
這時兩隻手不斷打滑，摩擦
不起來，也無法產生熱。

熱從哪兒來呢？

一個物體會變熱是因為組成物體的物質粒子變得躁動不安。
當你在紙上摩擦橡皮擦，橡皮擦的物質粒子因為刮擦、移動
而變熱，搓揉雙手也是一樣的道理！熱，絕非無中生有。要
刺激物質粒子，得先供給它們能量，少了手的能量，橡皮擦
只能停留在冰冷的狀態，缺乏電的能量，吹風機、烤箱或電
暖器都熱不起來。

這個實驗告訴我們，橡皮擦靠摩擦力產生熱，
想進一步了解這個現象，趕快翻開p190吧！

12 製作瓶子溫度計

需要準備：

- 一個空酒瓶
- 一個鍋子
- 水
- 一支麥克筆
- 膠帶

① 撕掉瓶頸上的塑膠包裝紙，貼上一小截膠帶。

② 將冷水倒入酒瓶至瓶頸二分之一處。用麥克筆在膠帶上做記號。

③ 鍋子倒入適量水，將瓶子放在鍋子裡，請一位大人把鍋子拿到瓦斯爐上加熱。

④ 加熱數分鐘後，觀察水位。

酒精溫度計是怎麼運作的呢？

當水變熱時，水位會上升，透過前面的實驗10（p26），你已經知道水越熱，水分子就越活躍，這些水分子動得越是劇烈，就需要更多空間，這時，水好像膨脹起來，於是瓶頸中的水位升高。如果你讓水冷卻下來，物質粒子會恢復平靜，水位便開始下降。水銀溫度計或酒精溫度計的運作方式也一樣，這兩種溫度計液柱內的液體因為溫度不同而上升下降，並附有刻度顯示溫度值。

**水遇熱會膨脹，需要更多空間，
但它結冰時會變成什麼樣子呢？答案見p50。**

13 —把好用的炒菜鏟

需要準備：

- 兩枚一元硬幣
- 少許奶油
- 一個鍋子
- 一個杯子
- 一把刀子
- 一支木鏟和一支金屬鏟

① 用刀子切下兩小塊奶油抹到兩支鏟子上，奶油距離鏟柄端一樣遠。

② 將硬幣置於奶油上。 輕壓一下，讓硬幣固定在上面。

③ 將兩支鏟子放入杯子中，請一位大人煮滾少許水後，倒入杯子，稍待片刻後，觀察是哪支鏟子上的硬幣先掉下來？

做菜時為什麼用木鏟不用金屬鏟呢？

在這個實驗中，金屬鏟上的硬幣會先掉落，為什麼？因為金屬鏟泡在熱水後，把柄這一端會變熱，鐵的微粒子於是開始躁動，變得很亢奮，也鼓動上方的鐵粒子，進而鼓動更上方的鐵粒子！熱因此逐漸上傳，終於傳到奶油處，這時奶油融化，硬幣掉落。但木鏟呢？浸在熱水中的部分也會變熱，不過木頭的物質粒子卻很難興奮，熱始終無法上傳，所以不會燙手，這就是為什麼做菜時不用整支都是金屬的鍋鏟，而用木鏟或塑膠鏟。

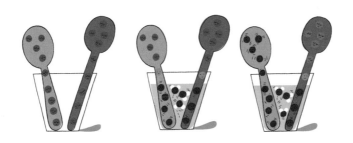

「良導體」和「絕緣體」也用在易於傳聲或不能傳聲的物體。
進一步的解釋參見p96。

14 冰塊融解競賽

需要準備：

· 平底鍋
· 冰塊
· 奶油
· 棉花

① 把平底鍋放在桌子上。放入五元硬幣大小的奶油，用指頭壓扁。

② 把一小撮棉花放在奶油旁邊。

③ 取三塊冰塊，一塊放在奶油上，一塊在棉花上，一塊在鍋子上，哪一塊融得較快？

你認為呢？
滑雪運動衫和保溫杯
有何共通點？

為什麼冬天得穿毛衣取暖？

當冰冷的物體接觸溫熱的物體會發生什麼事？溫熱的物體會變冷，冰冷的物體會變熱，這就是你在這個實驗所看到的現象：冰塊直接放在微溫的鍋子上加熱後會融化，不過冰塊和鍋子之間隔著奶油或棉花的情形就不同了，因為油脂和棉花都是絕緣體，它們會形成屏障，阻礙鍋子的熱傳給冰塊，於是冰塊融化得很緩慢。你冬天穿的羊毛衫即扮演棉花的角色：它形成屏障阻止你的體熱流失。

它們都能阻擋冷空氣。滑雪運動衫能讓你保暖，保溫杯能讓你保溫，道理都一樣的簡單。

兩個冬天之間到底流失了多少時光？
需經過幾個月呢？翻開p218！

15 製作焦糖

需要準備：

- 砂糖
- 一個鍋子
- 鋁箔紙
- 一支湯匙
- 一支木鏟

1 舀三湯匙砂糖到鍋子裡。

2 請一位大人加熱鍋子，同時不斷攪拌木鏟。觀察砂糖有何變化！

3 當砂糖變成焦糖後，倒到鋁箔紙上，稍待數分鐘。小心別燙著！撕開焦糖並吃掉。

當鐵棒加熱到1538℃時
會變什麼樣子？

砂糖受熱會融化，冷卻後又變硬，鐵也是。當鐵是冷的，組成鐵的微粒子不怎麼活躍，相互貼緊，這時鐵是堅硬的。不過加熱後，它的微粒子活躍起來，加熱到1538℃時，微粒子躁動到完全掙脫，於是鐵變成液體，開始流動，但冷卻後，粒子平靜下來，相互黏住，鐵又變得很堅硬。把融化的鐵倒入模子，我們就可以隨心所欲塑造形狀。

樣，
利用改變微粒子排練的方式
讓粒子融化一樣，是它們成為
卻後就變得很堅硬了。

水在室溫下為液態。但溫度降到0℃，
水會變成什麼樣子？p48的實驗會給你解釋！

16 證明熱的會上升 冷的會下降

需要準備：

- 兩杯水
- 糖漿
- 一支吸管
- 一個鍋子
- 冰箱

1️⃣ 在其中一杯水倒入適量糖漿，攪拌均勻後倒半杯到鍋子裡。

2️⃣ 剩下半杯放入冰箱一小時。請一位大人加熱鍋子，將糖漿水煮沸。

3️⃣ 取一支吸管插入放在冰箱的糖漿水，用拇指按住吸管口並抽出來。

4️⃣ 把吸管插到第二杯水裡，輕輕鬆開拇指，看著冰糖漿水從吸管流出，它會往上浮起或往下沉？

5️⃣ 用鍋子的熱糖漿水取代冰過的糖漿水再做一遍，它會向上浮起或往下沉？

鍋子煮水時，
不斷翻攪的水流是從哪裡來的？

熱液體上升，冷液體下沉，很正常：在熱液體中，物質粒子
變得很躁動，比在微溫的液體中佔更多空間。因此熱液體比
較輕，容易往上浮。相反地，冷液體比微溫的溫液體重，因
此會往下流。這也可以從鍋子煮水獲得證實：鍋底的水接觸
熱源後變熱，向上浮到水面，於是造成水流。

熱空氣比冷空氣更重？還是更輕？
p76的實驗會告訴你。

17 將太陽熱氣密封起來

需要準備：

- 一個黑色保麗龍盒子
- 保鮮膜
- 一支溫度計
- 手錶

1 找個陽光普照的一天，將溫度計放在太陽底下15分鐘，記下溫度。

2 把溫度計放入黑色保麗龍盒子裡，用保鮮膜包住盒子。

3 將保麗龍盒子置於陽光下15分鐘。溫度是否改變？

你知道嗎？
我們有時會利用太陽能加熱游泳池，池水在太陽能板裡流動，這些太陽能板很像你做的太陽能烤箱，水在裡頭就變熱了。

太陽能烤箱怎麼運作？

保麗龍盒子裡的溫度比外面高15至20度，簡直就是烤箱嘛！夏天時可以用來煮蛋，一個小時就煮熟。它是怎麼做到的？當陽光照射到保麗龍盒子，光線變成了熱，黑色最厲害的地方就是能把全部陽光吸收起來，然後把陽光完全變成熱，這些熱被關在盒子裡，又因為包著保鮮膜，不能從上方逃走，也不能從下方流失。

趁陽光正好，把握機會做另一個必須有好天氣
才能做的實驗，翻開p212！

18 欺騙感官

需要準備：

- 三個玻璃杯
- 水
- 冰塊

① 用水龍頭裝滿兩杯冷水，第三個杯子裝滿熱水，熱水不需太燙。

② 在其中一杯冷水中放入幾顆冰塊。

③ 將一隻手指伸進熱水中，另一隻手指伸進加了冰塊的杯子裡。

④ 再將這兩隻手指一起放入第三杯水中，你覺得水是冷的還是熱的？

你認為呢？
你的體溫是多少？

為什麼水可以又冷又熱？

對於泡過冰水的手指來說，第三杯水是熱的，對於泡過熱水的手指來說，卻是冷的，很奇怪，不是嗎？我們身體的神經對冷和熱都很敏感，它們會告訴大腦抽出手指以免燙傷，或穿上毛衣以免著涼，不過它也有搞錯的時候。在雪地玩耍後，回到20℃的房間會感到很暖和，夏天做完日光浴回到同個房間會覺得很清涼……

無論夏天或冬天，
你的體溫永遠維持在37℃。被
你的體溫卻會隨著所處環境而改變：泡
在10℃的水裡，我們
的體溫就是10℃。

我們的感官比我們以為的更容易搞錯。
透過p222的實驗，你會發現一分鐘可以很短，也可以好久。

水

水填滿了海洋、湖川和溪流。水從水龍頭流出或變成雨水落下。水啊，水啊！船如何漂浮在水面上呢？為什麼水結冰後變得那麼堅硬？天公不下雨時，花草怎麼喝到水？

目錄

19 讓砂糖改變形狀

需要準備：

- 一包砂糖
- 一個玻璃杯
- 一個高腳杯

1 將砂糖填滿玻璃杯底，糖會變成杯子的形狀嗎？

2 現在把砂糖倒入高腳杯，砂糖會變成什麼形狀呢？

3 把一隻手指伸進糖裡，糖粒會怎樣？

小字典
常溫下，水會跟著容器
改變形狀，我們稱之
為液體。

為什麼液體會改變形狀？

砂糖會變成杯子的形狀。當你伸進一隻手指時，糖粒會被分開，你有沒有注意到水也是？當水被倒入某個容器，就變成該容器的形狀，因為水也是由小粒子組成，而且小到肉眼看不到，我們稱之為分子。水分子像糖粒一樣會順應容器的形狀相互貼緊，它會分開好讓你進入浴池。

當你游泳時，把頭沉入水中，你能聽見其他聲響嗎？
想知道聲音能不能在水中旅行，快翻開p94！

20 製作一隻冰手

需要準備：

- 一只洗碗手套
- 四個曬衣夾

❶ 將手套裝滿水。

❷ 將手套口折起，再折一次，用曬衣夾夾住，確定手套完全封閉，水不會流出。

❸ 將手套放進冷凍庫，靜置一夜後取出。

❹ 將手套放入溫水中數秒，取下曬衣夾並脫膜，你得到什麼結果？

你認為呢？
水在幾度以下會開始結冰？
A 0 ℃
B 37℃
C 100℃

為什麼水結冰後會變硬？

在這個實驗裡，你會得到一隻結冰的手！如果你做了p46的實驗，你就知道水是液體，當你把水倒進手套，它馬上變成手的形狀，但它為什麼現在會維持這種形狀呢？因為冷凍庫太冷，水結成冰，水分子就像方糖中的小糖粒那樣相互黏得緊緊的。這下你不能把手指伸進去了，水結成冰後保留手套的形狀，就算你把它放進襪子裡也不會改變！

不過，如果將這隻冰手加熱一會兒，啵咯！啵咯！原本黏著的粒子分開了，水又變成液體。

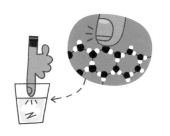

100℃時開始沸騰。
水在0℃以下開始結冰，
答案：A。

你喜歡做水結冰的實驗嗎？趕緊翻開下一頁，還有一個結冰的實驗等著你！

21 不必動手就能
讓瓶子扭曲變形

需要準備：

· 兩個一模一樣的寶特瓶

① 將兩個寶特瓶裝滿水，拴緊瓶蓋，仔細觀察它們，形狀是否一樣呢？

② 將其中一罐放進冷凍庫過夜。

③ 從冷凍庫中取出水瓶，再次比較兩個水瓶的形狀是否一樣？

對或錯
冰塊因為比較輕，所以會
浮在水面上？

為什麼水結冰後會膨脹？

放入冷凍庫的寶特瓶完全變形了！而且因為瓶底突起，瓶子無法站立。如果做過p48的實驗，你就知道水結冰時水分子會相互黏緊，但不是隨便黏緊，它們會排成圓圈，而且圓圈中央有一大片空地。所以水分子結冰時佔據更多空間，冰塊也就需要更大的容器，這就是為什麼它讓瓶子變形，有時甚至撐裂瓶上的標籤呢！

水結冰時會膨脹，所以
水會比液態的水重輕，也就
是說，水結的冰浮起來，
水的密度低。

水結冰時能弄破瓶子，它也可以扯斷水分子嗎？
可以，參見p16！

22 製作一片雲

需要準備：

- 一個鍋子，放入少許水蓋過鍋底
- 一張黑紙
- 一支湯匙

① 請一位大人用瓦斯爐加熱水，五、六分鐘後，你將會看到許多小泡泡浮到水面上。

② 請大人將黑紙放在鍋子後面。你看到什麼？

③ 拿著湯匙固定在鍋子上方，湯匙上是否出現水滴？

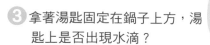

你知道嗎？
雲充滿了水，主要是海洋的水分
蒸發來的。當條件合適，水蒸氣變成水
滴落到地上，就是下雨了！

什麼是水蒸氣？

水煮沸時，你會看到鍋子上方冒出煙，也就是水蒸氣，像一種浮在半空中的小雲朵。水加熱時就會變成這種樣子，原本相結合的水分子完全鬆開，水不再是流動的液體，也不是堅硬的固體（還記得冰塊吧！）現在它比較像空氣，其實它變成一種氣體了。當這種氣體撞到湯匙，它又回復成液體，變成水滴。

圍繞在我們四周的空氣中，除了水蒸氣外，也有別的氣體，你將在p70的實驗發現有哪些氣體？

23 採收鹽巴

需要準備：

- 一個裝了半杯水的杯子，
  一個空杯
- 一張咖啡濾紙
- 一茶匙鹽巴
- 一支木杓
- 一個平底鍋

① 將一茶匙的鹽巴倒入半杯水中，用木杓攪拌數分鐘。

② 將咖啡濾紙放到空杯上，倒入鹽水，注意鹽水有多麼清徹！

③ 請一位大人用平底鍋將這些水煮沸，直到完全煮乾為止。

④ 你在鍋底看見什麼東西？用木杓刮起來，嚐嚐看。

> **你知道嗎？**
> 海鹽是從鹽田生產來的。
> 海水被引到淺水池後經過風吹日曬
> 緩緩蒸發（不必煮沸！）鹽田的水
> 消失不見後只剩下海鹽，這時
> 就可以準備收成了。

如何取回溶解在水中的鹽？

當你把鹽倒入水中，鹽會溶解。雖然你看不到鹽，但它
一直都在。喝口水你就會知道！接著，你把水煮沸，水
蒸發到四周空氣中，但溶在水中的鹽卻不會蒸發，繼續
留在鍋子裡，最後，鍋子沒有半滴水，就只剩下鹽。

為什麼從鍋子冒出來的水蒸氣會往上飄？p76會告訴你！

24 找出能浮在水上的形狀

需要準備：

- 黏土
- 盛滿水的洗碗槽

① 將一塊黏土輕輕放在水上，它會沉下去嗎？

② 把黏土撈起來，捏成一只小船，船的底部捏成扁平狀，四周船身高起，有如一個烤盤，再輕輕放在水上，會發生何事？

在盛滿水的洗碗槽中，輕輕放入一個玻璃杯，杯子會下沉，但不會完全沒入水中，因為有水壓撐著它。若輕壓杯子，能感覺到水在「反彈」：噢，杯子往上浮呢！如果你壓得太重，水會流進杯子，杯子變重後就沒入水中了。

為什麼大船能在水上漂，
小石頭卻沉入水裡？

一塊黏土會沉入水中，捏成船形後卻浮在水面上。為什麼？水就好像彈簧能推動物體，我們稱之為「壓力」，圓團狀的黏土只站在一個「彈簧」上，水只能對一處地方施壓，無法支撐它。當它稍微下沉，水馬上淹上它，最後完全淹沒它。揉成船的形狀，黏土的重量分散給數個「彈簧」，水可以對幾個不同的地方施壓，這就比較容易撐住它了。黏土下沉的時候變少了，又因為高起的船身，水不會淹上來。想要浮在水面上，形狀能決定一切！

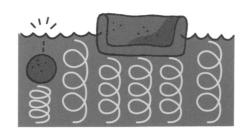

你喜歡船嗎？快翻開p200，學習製造電動馬達船！

25 製作磅秤，看誰的質量大

需要準備：

- 一支30公分長的量尺
- 兩支鉛筆
- 兩個塑膠杯
- 一個玻璃杯
- 油
- 水

① 在第一個塑膠杯倒入半杯油；第二個塑膠杯倒入等高的水。用量尺確認是否等高。

② 將兩支鉛筆併攏放在桌上，再把量尺平放在鉛筆上，為了達到平衡，量尺的中心必須對準兩支鉛筆之間。你做了一個天平秤。

③ 輕輕將兩個塑膠杯同時放在量尺各一端，哪一邊會抬得比較高？

④ 將兩個塑膠杯的內容物同時倒入玻璃杯並觀察。

水

你認為呢？
如果你有液態鮮奶油、楓糖漿
或蜂蜜，倒少許到裝滿水和油
的杯子裡，會發生什麼事？
你知道原因嗎？

液體、固體或氣體的密度是什麼？

在這個實驗裡，你的量尺天平秤在裝油的那一端會抬得較
高。所以，在等量的情況下，油比水輕，因為油的密度較
小。接著，你將兩種液體倒入玻璃杯，油會浮在水上，很正
常，因為油比較輕。木頭浮在水面上，也是因為它的密度較
低，石頭沉入水中，因為密度比水大。

因為密度比油大，也在
它們沉到杯底，
水中。

冷糖漿或熱糖漿，不用磅秤，你知道誰的密度較大？
答案見p38！

26 證明蘋果含有水分

需要準備:

- 一顆蘋果
- 兩片土司
- 烤箱
- 兩支鉛筆
- 一支30公分長的量尺

① 將蘋果對半切開,接著請一位大人幫忙,將一半蘋果和一片土司放入烤箱,烤30分鐘。

② 請一位大人從烤箱取出蘋果和土司,等變涼後觀察是否改變外形。

③ 利用鉛筆和量尺做成如 p 58 的天平秤,將兩半蘋果各放一端,哪一邊較重?用土司取代蘋果,哪一邊較重?

一顆100公克的蘋果含有幾克水？

從烤箱取出的半顆蘋果變乾癟，比另一半小。土司則變乾硬，秤重後，你會發現它們比較輕，為什麼會這樣？因為食物含有水分。經過烘烤，水分蒸發：它離開蘋果、土司，變成氣體漂浮在空氣中。這也是為什麼它們消瘦很多。100公克的蘋果含有84公克的水，比重很高！

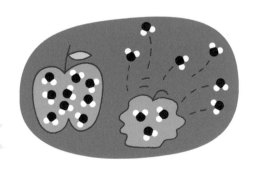

**蘋果樹藉由哪個部分喝水，要讓這些水分來到果實裡，
需透過樹葉還是根部呢？翻開下一頁，你便會知道！**

27 改變花的顏色

需要準備：

- 兩朵白花（請花店老闆提供需要大量水分的花）
- 一支藍墨水管
- 一支紅墨水管
- 一支鋼筆
- 兩個玻璃杯

① 在兩個玻璃杯分別倒入半杯水。

② 將藍墨水管插入鋼筆戳破然後取出，將墨水擠出並倒入杯子裡。用同樣的方式戳破紅墨水管，並把墨水倒入第二個杯子裡。

③ 剪短花梗，讓它們跟杯子齊高，兩個杯子各插入一朵花後，移到暖器上或溫暖的地方幾個鐘頭。你看到什麼？發生什麼事？

猜猜我是誰？
我是一個水很少的地方，既然
動植物和人沒有水就不能生活，所
以這個地方很難看到它們。另外，
我布滿了砂礫和石頭。

植物利用葉子或根部喝水？

插在藍墨水的花變成藍色！另一朵花的花瓣變成粉紅色，為
什麼？因為花把莖梗當成吸管喝水！有色的水爬到花瓣上，
賦予它美麗的顏色。花藉助「根部」喝水！大自然中，植物
的根部深入泥土，也因為如此，植物才能吸汲土壤裡的水
分，水往上升到花瓣，所以即使天公不下雨，植物還是活得
好好的。

植物喝水。

為了生存，植物需要水、空氣、泥土外，也需要其他元素！
想知道答案，請翻開p124！

28 你浪費了多少水

需要準備：

- 洗臉槽
- 一個大玻璃杯
- 一支牙刷和牙膏
- 一個塑膠盆

❶ 將洗手台流水孔堵住。

❷ 打開水龍頭，像平時一樣刷牙。

❸ 漱口，拴緊水龍頭，這時洗手台裝滿了水。

❹ 將杯子放入洗手台，盛滿水並倒進塑膠盆，再來一遍！要裝滿幾杯才能舀光洗手台的水？

聰明的設計
越來越多的沖水馬桶
加裝省水裝置,大號小號各有
不同按鈕,別搞錯唷!

如何省水?

一個大杯子大約可容納250毫升的水,倒掉四杯就有一公升
了。你刷牙的時後流掉幾公升水?流掉好幾公升,但其實只
要一杯水就夠了!同理,泡澡會用掉200公升的水,淋浴只
要70公升就夠了。多淋浴,少泡澡,用杯子漱口,一個小動
作就能省下許多水。自來水很珍貴,不該任意浪費。

**節約用水對自然環境的保護很重要,也要注意空氣品質,
就像p84的實驗。**

空氣

我們四周都是空氣，房屋裡外到處都是，也幸好如此，因為我們有了空氣才能呼吸和生存。不過空氣是一種很奇妙的東西，我們看不到它也摸不到它，它真的存在嗎？風的速度可達多少？飛機為什麼能飛起來？

目錄

29 證明空杯子裝滿了空氣

需要準備：

- 一個透明的玻璃杯
- 一張面紙
- 盛滿水的洗手台

1️⃣ 將面紙緊緊塞進玻璃杯底。杯口朝下放進洗手台，使杯子完全沉入水中。

2️⃣ 取出杯子，杯口繼續朝下，摸一下面紙，它變潮濕了嗎？

3️⃣ 把杯口朝下的杯子再度放進洗手台裡，但慢慢傾斜，會怎麼樣？

空氣是什麼？

從廚櫃裡取出玻璃杯時，你以為它是空的，但其實它充滿了
……空氣，我們看不見空氣，但它填滿整個玻璃杯，當你將
杯口朝下的杯子放到洗手台裡，水進不去就是因為杯子充滿
空氣，所以面紙保持乾燥。不過當你傾斜杯子時會冒出許多
泡泡，這時杯子的空氣全跑出來，並被水填滿。

如果把杯口朝下的杯子罩住點燃的蠟燭會怎樣？

p18的實驗將告訴你！

30 空氣中含有哪些東西

需要準備：

- 一個玻璃杯
- 保鮮膜
- 砂糖
- 一支甜點匙
- 一支筆芯削尖的鉛筆

1 將半匙糖倒入玻璃杯，撕下一截保鮮膜，封住杯口。

2 用力搖幾下杯子，透過保鮮膜觀察裡面，糖粒會四處飛濺。

3 用鉛筆筆芯將保鮮膜戳出一個大洞，搖動杯子，砂糖會濺出來嗎？

小字典
空氣由數種不同氣體組成，其中一種氣
體叫做氧氣，它的分子由氧元素組成。
還有一種氣體叫做氮氣，它的分子由氮
元素組成。空氣中也含有一些二氧化
碳、水蒸氣以及其他稀有氣體。

為什麼戳破的氣球會變扁？

空氣和砂糖有點像，它們都由物質粒子所組成，空氣中的粒
子被稱為分子，而且小到肉眼都看不到。它們興奮時會四處
飛濺，就像你搖動杯子時的砂糖一樣，砂糖撞到杯壁後會彈
回來，又跳向別處。吹氣球時，你也在裡頭囤積了許多粒
子，當氣球出現破洞，這些粒子迅速從洞孔竄出，氣球就變
扁了。

你想對組成物質的分子和原子做進一步了解？
如果你還沒做過，快做p8的實驗！

31 白紙競速大賽

需要準備：

- 三張A4 紙張
- 一張椅子

❶ 將第一張紙對折，將第二張紙對折再對折。

❷ 站在椅子上，一手拿著第三張A4 紙張，一隻手拿著對折的紙，兩手平高，兩張紙都要平放，接著同時鬆開紙張，哪一張先掉到地上？

❸ 兩手各拿著對折和四折的紙重複第二個步驟，哪一張先掉到地上？

你認為呢？

降落傘應該緩緩降落，為達目的，傘面必須：

　　A 小　　B 大

　　C 大小並不重要

為什麼滑雪的人全身縮成一團
才能滑得更快？

A4紙比對折的紙掉得較慢，對折的紙又比四折的紙掉得更慢，為什麼？因為空氣！紙掉下的時候會撞到空氣分子，減緩墜落的速度。沒折過的紙比對折過的紙大，會遇到更多空氣分子，因此受到更多阻力，這也就是為什麼它掉得較慢的原因。紙張越小就掉得越快，同理，滑雪的人縮得更小，會受到越少的阻力，下滑的速度也越快。

B人。
正如降落傘靠更寬的傘面的結構，降落時遇到更多的空氣阻力。

踩著腳踏車快速前進，你會感覺到空氣摩擦臉龐，
如果你想多了解摩擦力，快翻開p190！

32 手做風車

需要準備：

- 一張A4紙
- 一把剪刀
- 一支鉛筆
- 一捆線
- 膠帶

① 將紙剪出一個正方形，如圖所示剪開四角，中心處畫一個比線軸小的圓圈，剪掉圓圈。

② 把方形紙放在線軸上，用膠帶貼住圓洞，使紙黏著線軸。

③ 將方形紙其中一角對著中心圓折下，用膠帶固定，其他三個角也如法炮製。

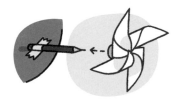

④ 用膠帶把鉛筆貼在桌邊，把線軸套到筆芯上。

⑤ 站在你的紙風車前，吹氣吧！

對或錯？
暴風雨風的速度比汽車
在高速公路上奔馳的
速度更快。

空氣有沒有力量？

空氣安靜不動時你就感受不到，但當它開始流動，你
會感覺到它吹拂過你的肌膚。對著你的手吹氣看看！
流動的空氣能產生龐大的力量，當你對著小風車吹
氣，你的嘴巴呼出一陣風，空氣分子用力撞擊風車，
風車便轉了起來。以前靠風力轉動磨坊磨碎小麥，今
天則靠它來轉動風力機產生電力。

錯。
強勁的暴風風可以
以光速在地球表面環繞，
這種速度的暴風車叫做龍捲風，
而不是颶風。

流動的風產生強大的力量，能讓風車轉動起來。
但力又是什麼？參見p184！

33 讓紙蛇翩翩起舞

需要準備：

- 一張紙
- 一片CD
- 一支鉛筆
- 一卷膠帶
- 一截和書本一樣長的線
- 一盞燈

1 將CD放在紙上，沿著 CD邊緣和中心圓孔畫下來。拿開CD，畫一條螺旋線。

2 剪下CD圓圈，繼續沿著螺旋線剪開，用膠帶把線的一端貼在CD中心點。

3 提著線，紙蛇會轉動嗎？

4 將紙蛇拿到電燈上方，會出現什麼現象？

為什麼煙總是往高處飛？

紙蛇在電燈上旋轉了，就好像你對著它吹氣一樣。讓它旋轉
的氣流來自何處呢？其實來自點亮的電燈。它的熱氣讓四周
的空氣暖和起來，但熱空氣比冷空氣輕，於是會往上升。所
以在電燈上方形成了一股溫暖的空氣，並朝著天花板上升，
進而促使紙蛇轉動。火產生的煙是熱的才會往上升，如果把
熱氣球填滿熱氣，它就會飛起來。

熱空氣往上飄是因為它的密度比冷空氣小。
如果你忘記密度是什麼，複習p58。

34 讓紙飛機飛起來

需要準備：

- 一張A4紙
- 一卷膠帶

① 首先做個小測試。依圖所示，將紙放在嘴巴底下，用力吹氣，會怎麼樣呢？

② 接著折紙飛機。沿著較長的一邊對折再攤開，將上面兩個角往中央折下。

③ 將上面兩個角再往中央折下。

④ 左右兩邊對折，將兩側往下扳折成機翼。

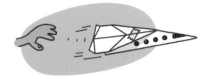

⑤ 用膠帶貼住飛機上方折合處，將機翼的尾端稍微往上折起，現在你的飛機準備起飛了！

你知道嗎？

十九世紀時，有個名叫克萊蒙・阿岱（Clément Ader）的法國人發明一種很像蝙蝠的怪機器，他稱它為「飛機」。1890年，他成功讓它飛離地面數公分，寫下人類首次飛行的紀錄。

沒有空氣，飛機飛得起來嗎？

我們常以為，飛機的機翼被機翼下方的空氣撐著，就好像船被水抬在水面上一樣，不對！其實機翼是被機翼上方的空氣吸起，它們被往上拉，就像被你吹氣的紙一樣。如果沒有四周的空氣，飛機就不能飛離地面，只是一部有翅膀的大汽車罷了！

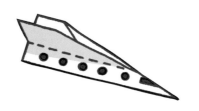

飛往太空的火箭需要空氣才能起飛嗎？
下一個實驗馬上告訴你！

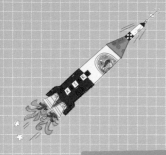

35 自製火箭

需要準備：

- 一個氣球
- 一捆繩子
- 一張紙
- 一卷膠帶

① 將紙捲成管狀，剪下一截膠帶將紙管子固定住。

② 讓繩子穿過管子，繩子的一端綁在門把上，另一端固定在數公尺外的椅子上，拉開椅子，讓繩子旋緊。

③ 剪下一截膠帶。吹大氣球。把氣球黏在管子下方。

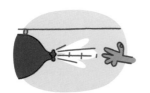

④ 鬆開氣球。

你認為呢？
噴射發動機是什麼？

火箭發動機如何運作？

你成功做出一支火箭了！當你吹氣球時，你把許多氣體關在氣球裡，氣球裡分子很多也很擁擠，如果鬆開氣球，這些分子會衝出來，氣體便由小洞孔迅速流出，而在反作用力下，氣球朝著反方向飛開。火箭也根據同樣的原理運作：發動機燃燒燃料，向後方噴出氣體，火箭便往上射出。火箭不需空氣也能移動，所以它能在太空中旅行。

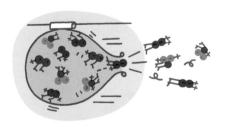

是某些飛機的發動機，它們運作方式和火箭發動機一樣，會向後方把氣體噴出去，推動飛機前進。

許多火箭到過月球，如果你想知道為什麼
月亮會在一個月內逐漸改變形狀，翻開p216！

36 測試你的呼吸

需要準備：

· 一支有秒針的手錶
· 紙
· 鉛筆

1 請一個有戴手錶的人幫你喊「開始」，30 秒後再喊停，這段時間，正常呼吸，數呼吸次數並記在紙上。

2 接著做些運動！譬如在房間裡快跑十圈。

3 數數看，在30 秒內你呼吸了幾次，記在紙上，和沒做運動前一樣多嗎？

對或錯？

太空中和月球上都沒有
空氣：也就是真空。

為什麼跑一大段路後會上氣不接下氣？

噗呼！你呼吸急促是為了調節氣息，因為運動的關係。為了
順利發揮功能，就像車子需要汽油，你的肌肉需要一種叫做
「氧氣」的氣體。你呼吸的空氣含有它，你的肺部捕捉到這
種氣體，你的血液把它送到肌肉。當你做運動時，你的肌肉
需要更多氧氣，為了提供肌肉更多氧氣，你必須呼吸得更
快，你的心臟也跳得更快。

嘿！
攤開胸腔，盡量深呼吸，
並且看看為什麼大力氣
用不完嗎？往上奔跑，
看看會發生什麼事。

**你一時找不到手錶做實驗？沒問題，
你可以利用p208做的沙漏來計時。**

37 觀察空污

需要準備：

- 一個玻璃杯
- 一盒火柴

① 請一位大人劃一根火柴，你看到火焰裡有什麼東西？

② 請大人將火焰靠近杯底，你看到杯子上有什麼東西？

③ 捻熄火柴，讓杯子冷卻數秒，把手指擦過杯底，你得到什麼？

空污來自哪裡？

你在火焰中看不到任何東西，不過玻璃杯上卻留有一層黑色的東西。木頭、石油或塑膠等物體燃燒時會流出碳粒子，大部分的碳粒子會和空氣中的氧結合，形成一種肉眼看不到的氣體二氧化碳。除此之外，還會產生其他氣體，像是一氧化碳。燃燒時，許多細微的粒子跑到空氣中並污染它，便是玻璃杯上的碳黑，那是因為碳不完全燃燒造成的。

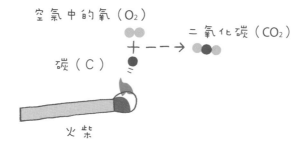

空氣中的氧（O_2）

二氧化碳（CO_2）

碳（C）

＋ ---→

火柴

你想做一種可以證明蠟燭需要氧氣才能燃燒的實驗嗎？
趕快翻到p18！

聲音

收音機放送的音樂，朋友之間的閒聊，車子的喇叭聲，運動場上裁判的哨聲，學校操場上的喧鬧聲……我們的周遭充斥著各式各樣的聲音，但聲音是如何形成的呢？我們的耳朵裡有什麼東西？為什麼男人的聲音比女人更低沉？

目錄

BAM

38 找到你的聲音

BOUM

需要準備：

- 一隻手
- 一個脖子

（其實你的手和脖子就很實用！）

① 將一隻手放在脖子上。深吸一口氣。嘴巴長長吐出一口氣，像要吹熄蠟燭一樣，你有感覺到手裡有什麼東西嗎？

② 再深吸一口氣。這一次發出一個長長的母音，譬如「歐～」，你有感覺不一樣嗎？

第二個實驗
拿起一個金屬鍋蓋，用木杓敲打，
讓它發出巨大聲響，然後將手輕輕
放在鍋蓋上，你可以感覺到鍋蓋在
振動，當鍋蓋停止振動時，
聲音也停止了。

聲音是什麼東西？

當你吐氣時，你感覺不到什麼，不過當你說「歐～」，你的喉嚨在顫抖。這種顫抖叫做振動。它是怎麼來的？喉嚨裡有聲帶，當你說話時，它開始振動並發出聲音，你的手感覺到的就是這種現象。你聽見的各種聲響，就像你的聲音，都是振動，像是蜜蜂嗡嗡聲、手錶滴答聲、洗衣機的聲響等等。

**想知道為什麼女人的聲音常比男人的聲音更尖銳？
翻開p100！**

39 讓蠟燭跳舞

需要準備：

- 一支蠟燭和幾根火柴
- 一台音響
- 幾本書

① 把書本疊得像音響的揚聲器那麼高，將蠟燭放在書本上，蠟燭必須位於揚聲器前，相隔 5 公分遠。

② 請一位大人點燃蠟燭並打開音響。

③ 調高聲量，直到蠟燭跳起舞來！

聲音如何在空氣中移動？

聲音就是振動：耳朵貼著揚聲器感受一下！當揚聲器膜片來回顫動時，它會推動前方的空氣，空氣粒子受到推擠也開始來回移動，緊接著擠稍遠處的空氣粒子。從近處的粒子到遠處的粒子，振動以骨牌效應在空氣中傳開，等到蠟燭四周的空氣粒子都在振動，燭火便跳動起來。

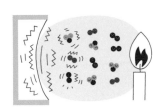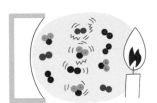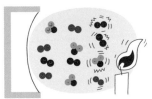

**聲音需要空氣才能傳到你的耳朵，
不過我們四周的空氣是什麼組成的？解釋參見p70！**

40 不必動手就能讓
砂糖活蹦亂跳

需要準備：

- 一個碗
- 保鮮膜
- 砂糖
- 平底鍋
- 木杓

① 撕下一截保鮮膜封住碗口，
盡量拉緊保鮮膜。

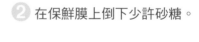

② 在保鮮膜上倒下少許砂糖。

③ 把平底鍋置於碗上方，並
拿起木杓敲打鍋子，砂糖
會怎麼樣？

你認為呢？
拉丁文「tympanum」意為
「鈴鼓」，耳朵哪個部分也用
這個拉丁文呢？

耳朵裡的哪些構造讓我們聽得見？

砂糖開始跳舞了！當你敲打鍋子，鍋子開始振動並發出聲響，這些振動會逐漸擴散到空氣中，當振動傳到保鮮膜，保鮮膜也跟著振動：你能從跳動的砂糖得到印證。你的耳朵裡有一層薄膜，叫做「鼓膜」。聲音到達後，鼓膜會振動，就像實驗中的保鮮膜一樣。接著透過小骨和內耳，資訊才能傳到大腦並重組成聲音。

鼓膜（tympan），把耳朵裡的一層薄膜，因為很像鈴鼓的薄膜，才得到這個稱呼。

現在你知道耳朵裡有什麼了，
你還想不想知道眼睛裡有什麼呢？翻開p122！

41 證明聲音能在水中旅行

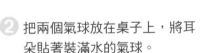

① 請一位大人將一個氣球吹大，將另一個氣球裝滿溫水。

② 把兩個氣球放在桌子上，將耳朵貼著裝滿水的氣球。

③ 一隻手搗住另一個耳朵，另一隻手敲打桌子底下，你聽得見敲打聲嗎？

④ 用裝滿空氣的氣球重複上述步驟，哪個氣球讓你更清楚聽見敲打聲？

你知道嗎？

聲音在水中比在空氣中傳得
更遠。當藍鯨呼叫時，八百公里外
都能聽見牠的叫聲，這就像是人遠
在馬賽卻能聽見巴黎消防車
傳來的警笛聲。

海豚在水底下聽得見嗎？

裝滿水的氣球讓你聽得更清楚，為什麼？你知道聲音是一種
振動，當你敲打桌子時，桌子開始振動，這股振動必須穿過
氣球才能到達你的耳朵。在裝滿水的氣球裡，水粒子很接
近，振動很快就傳送出去。在裝滿空氣的氣球裡，空氣粒子
相隔得較遠，振動傳得較慢。所以聲音在水中傳得很快，這
對海豚是好事，牠們這樣才好溝通。

嗨！

你好！

現在你知道海豚在水底下能聽見各種聲音，
不過你知不知道動物也能看見顏色？參見p144！

42 測試聲音能穿過不同的物質

需要準備：

- 會發出滴答響的手錶
- 一把掃帚
- 一捲筒紙巾
- 膠帶

1 剪下一小截膠帶，把手錶正面朝上放在掃帚柄的一端，用膠帶黏緊。

滴答！

2 耳朵貼著帚柄另一端。你聽得見手錶的聲響？

3 把手錶貼在捲筒紙巾上，耳朵貼著紙巾，你聽得見手錶的聲響？

對或錯？
月球上聽不到任何聲音。

什麼叫做隔音材料？

掃帚雖然很長，但是你還是聽得見手錶滴答聲，紙巾捲筒很短，不過你聽不到聲響。那是因為掃帚柄的質地堅硬又是良導體，木頭、金屬或塑膠都是，在這些物質中，手錶的振動很容易從一個微粒傳到另一個微粒。紙巾柔軟又是絕緣體，它會吸收振動，導致聲音傳送不易。隔音材料是一種能阻礙聲音傳送的材料。房屋牆壁選用隔音材料就能讓住家聽不太清楚街坊鄰居的噪音。

沒錯。聲音需要介質才能傳遞，空氣、水、金屬等都是介質，但是聲波真空裡難傳遞。如果一個太空人在月球漫步，在他隔壁ㄅㄨㄥㄅㄨㄥ轟隆聲，跟在他旁邊的人也一點也聽不到！

「絕緣體」和「良導體」用在聲音或熱的傳導之外，也用在別的領域，是哪個領域呢？參見 p162！

43 用你的耳朵去「看」

需要準備：

- 兩本雜誌
- 會發出滴答響的手錶
- 膠帶
- 一個鍋子
- 兩個玻璃杯

① 剪下幾截膠帶，把兩本雜誌捲成管狀，用膠帶黏好。

② 把兩個杯子平放在桌子邊緣，依圖將兩支雜誌管子分別放在杯子上，把手錶放在一支管子中。

③ 傾聽另一支管子，請人拿著鍋子放在兩支管子另一端，注意聽：有了鍋子，你是否聽得更清楚滴答聲？

滴答！

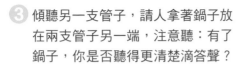

④ 閉上雙眼，只用耳朵聽，你應能分辨鍋子是否在管子前。

你知道嗎？

蝙蝠為了在黑夜中捕捉昆蟲，會發出
尖銳的叫聲，那是一種超音波，如果有
昆蟲在牠們前方，聲波就會回傳。
蝙蝠有一雙大耳朵能清楚聽見回音，
同時知道晚餐已經準備好了。

什麼是回音？

聲音傳到物體後會彈回來，就像氣球掉到地上彈回來一樣。
當鍋了放在兩支管子的一端，滴答聲經過第一支管子傳到鍋
子後彈回來，再通過第二條管子傳到你的耳朵，因此你聽得
很清楚。沒有鍋子的話，滴答聲通過第一支管子後不會彈回
來，因此不會通過第二支管子，你也就聽不到任何聲響。當
聲音傳到某個障礙物後彈回來，然後往另一個方向傳去，就
叫做回音。

**想不想做一個和聲音彈回來無關，但和光反射回來有關
的實驗？趕快翻開p114！**

44 製造尖銳和低沉的聲音

需要準備：

- 一把直尺
- 一張桌子

① 將直尺平放在桌子邊緣，讓它 超出桌子一小截，用一隻手壓住。

② 用另一隻手將超出桌子的一截往下推然後鬆開，你聽得見任何聲響嗎？

③ 加長超出桌子的部分，重複上述步驟，直尺上下來回的速度更快或更慢？聲音比較尖銳或比較低沉？

為什麼女人的聲音比男人的尖銳？

當直尺超出桌緣的部分很短，它振動得較快，發出的聲音較
尖銳（高），超出桌緣的部分比較長時，振動得較慢，發出
的聲音較沉（低），這可不是巧合：聲音的高低取決於振動
的速度。女人的聲音常比男人的尖銳，因為她們的聲帶較
短，振動得更快。蚊子的叫聲比熊蜂的尖細，因為蚊子鼓動
翅膀的速度更快。

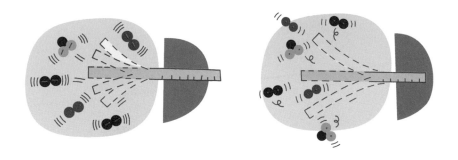

你知道怎麼讓塑膠直尺神奇地吸起碎紙片？
翻開p150！

45 增加梳子的音量！

需要準備：

- 一把梳子
- 一張桌子、一個盤子、一個鍋子

1 一隻手拿著梳子，用一隻手指的指腹輕撫齒梳，仔細聽。

2 現在用指甲重重地刮過齒梳，發出的聲音比較大還是比較小？

3 將梳子放在桌子邊緣，一手壓住，另一隻手刮過，聲音是否不同？將梳子放在鍋子上、盤子上……重複步驟（3）。

為什麼大鼓發出的聲音比小鼓大？

當你輕輕撥弄梳子，它只會輕輕振動，四周的空氣也只是微微震盪，因此聲音不是很大。有兩個方法可以提高音量：你可以用指甲用力刮過梳子，空氣會震盪得激烈，聲音聽得更清楚。你也可以把梳子壓在桌子上，整張桌子跟著振動起來，因為桌子大，因此造成更多的空氣跟著震盪，而產生更大的聲響。鼓也是，大鼓振動得更厲害，因此產生更大的聲響。

你知不知道，讓收音機和電視發出聲音的揚聲器裡
都有一塊磁鐵？想更了解磁鐵，翻開p168！

46 做一把吉他

1. 用膠帶把直尺貼在鍋子把手上。

2. 剪斷橡皮筋，將橡皮筋的一端貼在直尺的一端。

3. 另一端貼在鍋底邊上：橡皮筋必須拉緊。你可以在旁邊多貼上幾條橡皮筋。

4. 把一隻手指放在直尺上按住橡皮筋，再用另一隻手的一隻手指撥動橡皮筋，你會彈出一個音。如果你在直尺上不同的地方按住橡皮筋，彈出的音也不同，現在，彈奏一段美妙的旋律吧。

音樂是什麼？
如果你用湯匙敲打玻璃杯，製造出
來的便是噪音。如果你有幾個玻璃
杯，如果你能敲出幾個高低不同的
音，而且最後的結果很悅耳，
那就變成音樂了。

弦樂器怎麼運作？

你親手做的吉他跟真的吉他一樣包含兩個部分。首先是琴
弦，不過你用的是橡皮筋。按壓的地方不同，琴弦振動得或
快或慢，產生的音或高或低。其次，你的吉他有一個共鳴
箱。古典吉他的共鳴箱以木頭做成，這裡你用的是鍋子。沒
有共鳴箱，橡皮筋只會發出「ㄅㄨㄞㄅㄨㄞ」聲，沒什麼特
別。但鍋子能放大音量，讓人聽得更清楚。

你還有橡皮筋做另一個實驗嗎？
趕快翻開p200，製造馬達快艇。

光

你能想像這個世界沒有光嗎？不論何時何地都處在黑暗中。還好，這個世界充滿光，而且照亮我們！但光是什麼組成的？太陽怎麼產生光？照相機怎麼捕捉到光線？

目錄

47 自製皮影戲

需要準備：

- 西卡紙
- 數根吸管
- 膠帶
- 鉛筆、剪刀
- 一支手電筒

① 在西卡紙上畫一隻鳥、一隻貓、一隻狗、一條魚。

② 把畫好的動物統統剪下來，分別貼在吸管的一端。

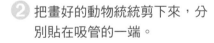

③ 在黑暗的房間裡，將打開的手電筒放在距離白牆壁一公尺處。

④ 拿起這些貼著動物的吸管，將它們放在手電筒和牆壁之間，並跟它們的影子玩耍。

光，是什麼東西？

你這不就演了一齣皮影戲嘛！整個過程是這樣的：手電筒的燈泡產生光，光是由一種叫做「光子」的能量粒子組成，它們從燈泡發出後直線射出，只要沒遇到障礙物，就會一路前進直到牆壁並照亮後者。當它們遇到動物卡，便迎頭撞上並停住，動物卡後面沒有光了：你就能看見牆上出現動物的影子。

**光粒子沒有任何重量，它們的質量等於零，
跟我們在p6討論過的物質粒子不同。**

48 製造光

需要準備：

- 一條電線
- 一把刀子
- 一根蠟燭

1 請一位大人剪下10公分長的電線，並剝掉5公分的電線外皮，將全部銅絲往兩旁捲下，只留下一條不捲。

2 在黑暗的房間裡，請一位大人點燃蠟燭。

3 將那條沒捲下的銅絲放在燭火上燃燒幾秒，銅絲是不是變紅了？別燒太久，以免銅絲熔化。

對或錯？

有些動物會發光？

光來自哪裡？

燒過的銅絲變紅又發亮。其實銅接觸火焰後太興奮，開始產生光子，它發出光亮，即使在黑暗中也是。但冷卻後就熄滅。熱常能產生光：舊式燈泡的燈絲、蠟燭的火焰、被太陽熱過頭的氣體等，都會產生光。

對。螢火蟲就會發出微光來吸引牠們的另一半。牠們身體裡藏有產生光的原料。

如果你想知道電燈泡怎麼發光，
趕快翻開p156。

49 在黑暗中如何看得見

需要準備：

- 一把手電筒
- 一匙的滑石粉
- 一間浴室

① 走進漆黑的浴室裡，將打開的手電筒放在洗手台邊。

② 將一匙滑石粉拿在你的嘴巴前，輕輕吹氣，讓滑石粉在光線中飛舞，你在什麼時候看到它？

③ 繼續處在黑暗中，打開五斗櫃的抽屜，你該怎麼做才看得到抽屜裡的東西？

你知道嗎？
太陽能產生大量的光子，它們穿越
雲層，接觸到地面、樹木或牆壁後
又反射回來。白天時是這些從窗戶
進入屋子的光子給了我們光亮。

你看得到書本，那就表示書本能產生光嗎？

你的手電筒能產生光，所以它能在黑暗中照亮你。你的書
本、毛巾或滑石粉不會產生光，因此你在黑暗中看不見它
們。你必須讓手電筒的光線照到它們才能看到它們。來自電
燈泡的光子接觸到滑石粉、毛巾或書本後反射回來，並直接
通往你的雙眼。這些東西就能被看見。

為什麼滑石粉是白色的？香蕉是黃色的？櫻桃是紅色的？
想多了解一點顏色，翻開p128！

50 讓光反射

① 在一個黝黑的房間裡，將手電筒放在桌子上，別離大鏡子太遠。

② 取出一面小鏡子，將它置身於光線底下，你有沒有看到牆上出現一個光點？

③ 晃動你手中的鏡子，讓光點移動到大鏡子上。看你的背後，你應該會看到一個新光點。

④ 如果你們有好幾個人，那就每個人都拿著一面鏡子，組成一條鏈子吧。

你知道嗎？
1969年，幾名太空人在月球上放了一面鏡子。後來從地球對著那片鏡子發出雷射光，雷射光不到三秒就完成來回之旅。真空下，光速每秒達300000公里。

為什麼我們能在鏡子中看見自己？

當你把鏡子放在手電筒的光線中，光線就像球碰到地面一樣會反射回來，然後朝著另一個方向射去。如果你把這束光線引向第二面鏡子，它會再一次反射……這是因為光線會從鏡子上反射回來，你才能在鏡子中看到自己。你的臉孔的影像從鏡子中反射然後又回到你的雙眼，這下你就看見自己了！

有些動物很進化，像是海豚或猴子，牠們能從鏡中認出自己。
不過動物看得見顏色嗎？答案見p144。

51 讓一枚硬幣現身

需要準備：

- 一枚硬幣
- 膠帶
- 一個小鍋子
- 一個裝滿水的大鍋子

① 將硬幣貼在小鍋子底部接近邊緣處。

② 坐在桌子前，把小鍋子放在桌子上，硬幣對著你。

③ 走前去看一眼硬幣。現在往後退到剛好硬幣會消失在鍋子壁緣後面的地方，保持不動。

④ 請人將大鍋子的水倒入小鍋子中，直到完全填滿為止。你是否看見硬幣再度出現。

猜猜我是誰？

我是一種視覺幻象，有時
會出現在炎熱的沙漠中，
我是……？

光永遠都是直線前進嗎？

當鍋子是空的，你看不到硬幣，它被鍋子壁緣擋住。發自硬
幣的光子直線前進，它們不會繞過壁緣，所以到不了你的眼
睛。不過加過水後，情況就不同了。光子從水裡來到空氣中
會改變方向，它們繞過鍋子壁緣來到你的眼睛：所以你看得
到硬幣。

海市蜃樓。

讓人有時誤以為看見直線前進的那
道光，事實上它落在你的前方：因
為與遠方的關係，光會被折彎，就
像……海市蜃樓這種視覺幻象。

你知道為什麼把水倒入鍋子後，水會變成鍋子的形狀？
想對液體了解更多，快翻開p46。

52 製作放大鏡

需要準備：

- 一個盤心平坦的大玻璃盤
- 一杯水
- 一支湯匙
- 報紙

1 將報紙放在光線充足的桌子上，再將盤子放在報紙上。

2 用湯匙從水杯舀水，然後在盤子上滴出大小不一的水珠子。

3 透過水珠閱讀報紙上的文字，同時移動盤子，每滴水珠會把字放得一樣大嗎？

為什麼用放大鏡看東西，東西會變大？

水珠越凸起，就能把字體放得越大，你也因此做了一支放大
鏡！想知道放大鏡怎麼運作，參考p116的實驗：光由水進入
空氣時會改變角度。源自報紙的光被水扭曲，報紙文字於是
放大。玻璃放大鏡運用的原理是一樣的：它凸起的形狀改變
光的行徑，使物體放大。

正確答案是：凹透鏡會讓物體變小，
不會放大物體。

**想不想用你的水珠放大鏡做另一個實驗呢？
趕快翻開p138！**

53 手做照相機

需要準備：

- 一個方形空紙盒
- 一把水果刀
- 一張描圖紙
- 膠帶
- 大頭針

① 用刀子在紙盒上挖出一個開
口，開口越大越好，然後貼
上描圖紙。

② 將盒子翻過來，用大頭針在另
一面刺出一個小孔。

③ 到了晚上，把盒子拿到點亮
的檯燈旁邊，小孔直接對著
燈泡，燈泡是不是出現在描
圖紙上呢？你還看到什麼？
用不同的燈泡試試看。

> **你知道嗎？**
> 照相機的暗箱小孔前
> 有一塊透鏡，這塊透鏡能
> 調整影像的清晰度。

照相機裡有哪些東西？

你在描圖紙上看到的是一個相反的電燈泡！燈泡產生的光線
穿過小孔，不過產生的影像卻是相反的：上下、左右都顛倒
過來。照相機的運作如下：它有一個暗箱和一個小孔，光線
穿過小孔，箱子底部有許多感光元件，影像在這些感光元件
上形成並被記錄下來。影像是相反的，但這沒什麼大不了，
只要把影像倒過來就好啦！

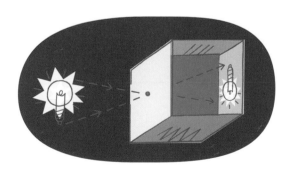

你知不知道身體哪一個地方被比作照相機的暗箱？
答案就在下一頁！

54 測試你的瞳孔

需要準備：

・一把手電筒
・一面鏡子
・一位朋友
（他有一對淡色眼珠更好）

1 在昏暗的房間裡仔細看著朋友的一隻眼睛。

2 打開手電筒，在不直射眼睛的情況下慢慢靠近眼睛，這隻眼睛的瞳孔大小是否有改變？

3 在一個昏暗的房間裡，注意看鏡子中一隻眼睛的瞳孔，然後打開電燈，觀察有何變化。

猜猜我是誰？

當光線強烈，你會把我們
架在你的鼻子上，保護雙眼，
我們是……？

為什麼艷陽下瞳孔會變小呢？

光線充足時瞳孔會縮小。眼睛的運作方式就跟前一篇描述的暗箱一樣。眼睛底部有視網膜，它就好像銀幕，能在上面產生影像。它的前方有一個小孔能讓光線通過，這個小孔就是瞳孔。瞳孔在昏暗中會自動變大，好讓更多的光線通過，不過在大太陽底下，瞳孔會自動縮小以免你頭暈眼花。

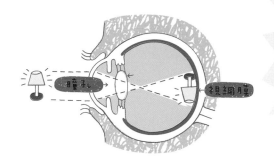

是眼睛底部的視網膜讓我們看見顏色，
p142有詳盡的解釋！

55 孵綠豆芽

需要準備：

- 一杯水
- 一撮綠豆
- 兩個寬口碗
- 餐巾紙

1 將一撮綠豆放進裝滿水的杯子過夜。

2 將一張餐巾紙對折兩次，放在碗裡，裡頭擺約10粒綠豆，灑點水，但注意別讓豆子泡在水裡。再用另一個碗重複上述步驟。

3 一碗放在餐桌上，一碗放在黑暗、密閉的櫥子裡。

4 靜置一週，每天注意餐巾紙乾掉就澆水。豆子的顏色是否一樣？

你知道嗎？
我們平常吃的豆芽菜，就是故
意讓黃豆、綠豆、或黑豆在陰
暗處發芽生長，才能長出白白
胖胖好吃的莖幹喔！

沒有光，植物能生存嗎？

放在櫥子裡的綠豆發出黃色新芽，如果把它們留在櫥子裡太
久，它們會死掉。植物需要光才能生存。葉子靠光製造一種
綠色的物質「葉綠素」，幫助植物成長。這也是為什麼放在
餐桌上的綠豆是綠色的。所有的植物都需要光才能生存。你
有沒有發現，你的綠豆芽還會朝著窗口生長，以獲取更多陽
光？

**植物需要陽光才能生存。如果你想知道為什麼太陽
一天之中會在空中不斷移動，趕快翻開p214！**

顏色

環顧你的四周：從藍天、青草地，到白色的紙張或鮮紅的櫻桃，一切都有色彩，不過為什麼你看得見這些顏色呢？為什麼太陽到了傍晚會變成橙紅色？其他動物也看得見色彩嗎？

目錄

56 不必漆油漆也能替白牆上色！

需要準備：

- 一本大開本彩色圖書
- 一把手電筒
- 一面白牆

❶ 這個實驗必須在黑暗中進行。打開手電筒，關閉其他燈源，走到白牆邊。

❷ 打開書本對著牆壁。將手電筒接近書本時，陸續照在書上不同處，仔細看著牆壁。

❸ 當手電筒照著書上藍色處，牆壁呈現藍色，照到書上什麼顏色，牆壁就呈什麼顏色。試著照出彩虹的色彩！

顏色是什麼？

你的手電筒會產生白色的光線，光線到達書本後會反射回來，就像皮球碰到地面一樣。它也改變了顏色：如果它到達藍色部分，反射回來的便是藍色，這道藍光照在牆壁上，牆壁也變成藍色。當你盯著書本同個地方，藍光到達你的眼睛，於是你看見了……藍色。香蕉傳到你眼睛的是黃光，櫻桃傳到你眼睛的是紅光，於是你看到的香蕉是黃的，櫻桃是紅的。

**沒有光，就沒有顏色，所有一切都是黑的。
不過光是什麼組成的？答案見p108！**

57 讓隱藏的顏色現身

需要準備：

- 一張咖啡濾紙或白色吸墨紙
- 一個裝了少許水的玻璃杯
- 膠帶
- 麥克筆數支（黑色、綠色、紅色）

① 將咖啡濾紙切成條狀，長度相當於杯子的高度。

② 拿一支麥克筆，在其中一張紙條的中央下方處畫一個圓圈。

③ 剪下一截膠帶，將紙條上方貼在剛用過的麥克筆上。

④ 用其他麥克筆重複上述步驟。把麥克筆放在杯子上，讓紙條的下緣沾到水。彩色圓圈得高於水面。靜待數分鐘，仔細觀察。

混合藍色和黃色會得到什麼顏色？

哇！綠點變成黃色和藍色了，也就是說，麥克筆的綠墨水是由藍墨水混合黃墨水而來的。當水在紙條上爬升時，這兩種顏色會分開，你能看見它們。紅色圓圈維持紅色不變，也就是說，為了製造紅墨水，製造商沒有混合別的顏色，他只放了紅色。而在其他麥克筆身上，你把隱藏起來的顏色都找出來了嗎？

答案：
紅、黃、藍。

令人驚訝的是，太陽的白光也是由多種顏色混合而成。
到底有哪些顏色呢？翻開下一頁就知道！

58 製造彩虹

需要準備：

- 一個透明的玻璃圓杯
- 水
- 一把手電筒或……陽光！

❶ 手電筒實驗在黑暗中進行效果更好。將杯子裝滿水，然後放在桌子邊緣。

❷ 打開手電筒，照著玻璃杯的水面。桌腳附近的地上應該會出現一道小彩虹。如果沒有看到彩虹，再試一次，往桌子的方向移動手電筒。

❸ 如果陽光透過窗戶射入屋內，那就更棒了！把杯子放在窗玻璃邊，地上會出現一道美麗的彩虹。

你知道嗎？
有時下雨，天空出現的景象
跟這個實驗一樣：太陽光的顏色分
開，出現了一道彩虹。

陽光真的是白色的？

如果你做過p130的實驗，你便知道一種顏色有時是由多種顏色混合而成的。麥克筆綠色墨水混合了藍色和黃色，光線也是。太陽和手電筒產生白光，不過這種白光其實混合了許多種顏色：紫色、藍色、綠色、黃色、橙色、紅色。當這道光線穿過裝了水的玻璃杯，混合在一起的顏色會分離，形成一道彩虹。

天空中出現彩虹，必須同時有太陽和雨水。
想知道雨水是怎麼形成的？參見p52！

59 讓顏色消失不見

需要準備：

- 白色西卡紙
- 一片CD
- 一支削尖的鉛筆
- 一盒麥克筆
- 剪刀
- 細繩

1 將 CD 放在西卡紙上，用鉛筆描出輪廓，在中央圓圈處上下各畫一點。用剪刀剪下圓圈，再用削尖的鉛筆在兩點上刺出小洞。

2 用麥克筆將CD卡劃分六塊，分別塗上紅色、橙色、黃色、綠色、藍色和紫色。

3 剪一段長度約此書三倍長的細繩。將繩子穿過 CD 卡上的一個小洞，然後再穿過另一個小洞。將繩子的兩端打結。

4 將繩子的一端勾住門把，另一端勾在你的手指上，用另一隻手轉動CD卡數次，拉緊繩子然後鬆開：CD卡會快速轉動，它變成什麼顏色呢？

當我們把組成彩虹的彩色光混在一起時，會得到什麼顏色呢？

CD卡變成淡灰色。如果你讓含有六種顏色的CD卡轉得夠快，CD卡會變成白色！為什麼？當它靜止不動時，它傳送到你眼睛的是紅光、橙光、黃光、綠光、藍光和紫光。當它快轉時，你的眼睛來不及看到每一種顏色，看到的卻是不同顏色的光混合的結果。如果你做過p132的實驗，你就知道白光其實是彩虹色彩相混合的結果，這也就是為什麼CD卡會變成白色。

你知道當物體快速自轉，就像這個實驗的CD卡，
它產生的力量叫做什麼？參見p198！

60 一杯水中見夕陽

需要準備：

- 一個裝滿水的玻璃杯
- 一杯牛奶
- 一支手電筒
- 一張白紙
- 一支小湯匙

1 白紙對折後放在裝滿水的杯子後面當作屏風。

2 打開手電筒，讓光線穿過水並照到白紙上。白紙上出現什麼顏色？

3 取一匙牛奶，倒進杯子裡，攪拌均勻，紙屏風的顏色改變了嗎？再加一匙牛奶，然後加第三匙牛奶，你看到什麼變化？

注意！太陽高高掛在天上時，千萬別盯著它看：你可能會變成瞎子。等它落到地平線時再好好欣賞吧。

為什麼太陽西下時會變成橙紅色？

當你把牛奶倒進水中，白紙上的光點變成橙黃色。你已經知道你的手電筒會產生白光，這種白光其實混合了紫光、藍光、綠光、黃光、橙光和紅光。這些顏色統統進入杯子的水中，但有些被牛奶擋住，像是紫光、藍光、綠光，只有黃光、橙光、紅光能夠穿越牛奶，這就是為什麼白紙上出現了這些顏色。到了傍晚，太陽也發生同樣的現象：當它剛好位於地平線上方時，它的光線必須穿過厚厚的大氣層才能到達我們的眼睛，這層空氣只讓橙色和紅色的光線通過。

在法國、美國和日本，太陽下山的時間都一樣嗎？
答案見p214！

61 你的電視機有哪些顏色

需要準備：

- 一台電視機
- 透明保鮮膜
- 一杯水

1 撕下一截保鮮膜，貼在電視機螢光幕上避免弄髒它，打開電視。

2 將一隻手指的指尖浸在水杯裡，然後用浸濕的指尖觸摸保鮮膜，移開手指，讓螢光幕上留下一滴小水滴。

3 透過這滴小水滴看過去，你應該會看見三種不同顏色組成的細點，是哪三種顏色呢？

第二個實驗

如果你有放大鏡，拿起它，打開一份彩色報紙，用放大鏡仔細看，你應該會看到黃色、紅色、藍色和黑色的細點。

電視影像是由多少顏色組成的呢？

電視機的細點有綠色、紅色和藍色。有時綠色較多，有時紅色較多，有時藍色較多，但沒有其他顏色。當你透過水滴看，水滴就好像放大鏡，它把細點都放大了。所以你可以看得很清楚。沒有水滴的地方，細點小到肉眼看不見，只能看到綠光、紅光和藍光混合而成的顏色。你知道，混合不同的顏色能得到別的顏色，所以靠著這三種顏色就能讓電視產生數千種不同的顏色。

家裡的電視機要通電才能運作，
如果你想進一步認識這種能量，快翻開p148！

62 製作你的專屬染劑

需要準備：

- 洋蔥數個
- 一個裝滿水的鍋子
- 一塊白布

1 將數個洋蔥的褐色外皮剝下來。

2 請一位大人將這些外皮丟到鍋子裡煮沸，熄火冷卻。

3 將白布浸在有了顏色的水中然後晾乾，白布變成美麗的橙色布。小心別沾到。

小字典

色素賦予動植物不同的顏色。
我們皮膚的色素讓我們的膚色有白
色的、褐色的、黑色的。我們眼睛
的色素使我們有褐色、灰色、綠色
或藍色的眼睛。

史前時期的人
用什麼東西在山洞石壁上畫畫？

洋蔥皮含有色素。當水煮開時，它的色素在水中溶解，水就
產生美麗的顏色。如果你想得到別的顏色，很簡單！把菠菜
煮沸能得到綠色，把紫甘藍菜煮沸能得到紫色。以前，人們
透過植物、昆蟲等製造染料，史前時期的人更利用煤炭或紅
土彩繪山洞石壁。今天，化學產品被用得越來越多。

**如果你是用紫甘藍菜做這個實驗，將紫色菜水好好
保留起來，你還可以用來做p20的化學實驗喔！**

63 觀察視覺幻象

① 將這本書放在檯燈下，讓整本書都被燈光照到。

② 注意看著這隻小金魚，數30秒。

③ 接著看著這個小甕裡面，你有沒有看到一隻金魚？如果沒看到，眨一眨眼，你看到了沒？是藍綠色的嗎？

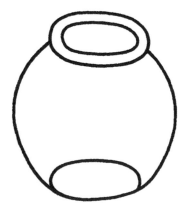

眼睛怎麼看見顏色？

當你看著金魚，小金魚會把紅光傳送到你的眼睛，你的眼睛裡有無以計數對顏色很敏感的感測器。有的看得見黑色，有的看得見藍色，有的看得見綠色，有的看得見紅色。當你看著金魚時，看得見紅色的感測器最耗精神。接著再看白紙時，剛才最耗精神的已經很疲倦，收工休息了，剩下那些看得見綠色、藍色的還在運作，所以你後來看到的魚變成藍綠色。

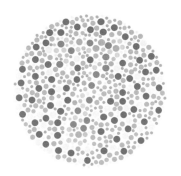

現在你知道眼睛裡頭有什麼，你想知道耳朵裡頭
有什麼嗎？答案見p92！

64 看見沒有色彩的世界

需要準備：

- 一部電視機
- 一部電腦

❶ 打開電視機。

❷ 請一位大人更改電視的設定，取消所有顏色，只留下黑色和白色。馬看到的東西也是這種顏色。

❸ 請一位大人用電腦的影像處理軟體開啟一張照片，接著利用色彩調整功能改變照片，比方去掉紅色。

對或錯？
公牛被紅色吸引。

動物看得見顏色嗎？

沒有顏色，你看到的世界是黑色、白色和灰色的，跟電視機出現的影像一樣。有很長一段時間，人們以為馬、牛或狗只能看到黑色和白色。今天，科學家認為牠們能雖然不能看到全部的顏色，但能辨認其中某一些。馬能看出黃色和綠色，但看不見紅色，牠們看見的世界可能就像電腦上被去掉紅色的照片。雖然蜜蜂也看不見紅色，不過卻對一種我們看不到的顏色異常敏感：紫外線。因為有這項特異功能，牠們能輕易找到有花粉的花。魚和鳥看到的顏色跟我們一樣。

錯。公牛和狗一樣是色盲的。牠們看到的顏色很少，其中並沒有紅色。鬥牛士揮舞的紅布之所以能讓牛看得跳腳，是因為那塊布在牛面前不斷舞動。

既然你的電視機已經打開，一旁又有大人，
那就順便做p222的實驗吧！

電

燈泡、電視、電腦遊戲⋯⋯這些東西都因為有了電才能運作。不過電是什麼呢？這一章的實驗能讓你認識電。每個實驗都只用一顆電池，所以很安全，但務必留意，絕不能用電源插座重做這些實驗，也絕不能把手指、電線插進插座裡，這些行為都非常危險，你很可能會觸電受傷甚至死亡。

目錄

65 體驗電流的滋味

需要準備：

- 一個4.5V的方形電池（或 4.5V電池盒）

① 擦拭電池上的兩個極片。

② 伸出舌頭，舌尖快速並同時觸碰兩個極片，你有什麼感覺？

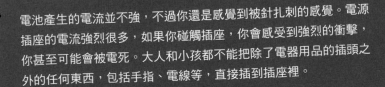

電池產生的電流並不強，不過你還是感覺到被針扎刺的感覺。電源插座的電流強烈很多，如果你碰觸插座，你會感受到強烈的衝擊，你甚至可能會被電死。大人和小孩都不能把除了電器用品的插頭之外的任何東西，包括手指、電線等，直接插到插座裡。

電是什麼？

噢，就像被針扎到！你感覺到電流通過你的舌頭。電由極為微小的物質粒子組成，有點像小沙子，不過小到肉眼看不到。這些粒子就叫做電子。當你潮濕的舌頭接觸到兩個極片，電子把它當成一座橋，從一個極片出發，穿過你的舌頭，到達另一個極片，這條電子通路就叫做電流。

如果你忘了原子是什麼，回頭做p6的實驗吧！

66 手不必碰到就能吸起紙屑

需要準備：

- 一張白紙
- 一支塑膠尺
- 一件羊毛衫

1 將白紙撕成碎紙屑。

2 把塑膠尺放在紙屑上方，會怎麼樣？

3 現在將塑膠尺摩擦羊毛衫，並數到20。用羊毛衫做這個實驗最好。

4 將塑膠尺放在碎紙屑上方，會怎麼樣？

你知道嗎？

2500年前的古希臘人，他們沒有電池也沒有燈泡，
但已知道利用靜電。他們摩擦一種叫做「琥珀」
的樹脂，再用它來吸起小羽毛，在他們的語言裡，
「琥珀」叫「elektron」，後人用這個字創造了
「電」這個字。

靜電是什麼？

如果塑膠尺沒被摩擦過，它就不會吸起碎紙屑。如果你摩擦
得夠久，碎紙屑會黏在塑膠尺上，這不是變魔術，而是電的
作用！當你用塑膠尺摩擦羊毛衫，塑膠尺會拔掉羊毛上的電
子，於是充了一些電，這種電叫做靜電。之後，當你將塑膠
尺挪近碎紙屑時，把碎紙屑吸起來的就是它。有時因為靜電
的關係，你的頭髮會統統豎起來！

你想把塑膠尺改造成投射器嗎？快翻到p196！

67 製造閃電

需要準備：

- 一個4.5V的方形電池或電池盒
- 膠帶
- 一條電線，兩端去掉塑膠外皮
- 一個金屬圖釘

① 用膠帶將電線的一端貼在其中一個極片上，再將電線另一端纏住圖釘尖頭。

② 將圖釘尖頭迅速接觸第二個極片，注意看迸出的小火花！這個實驗不能做太久，因為圖釘馬上就變得滾燙。

暴雨來襲時，閃電來自何處？

電池裡的小電子都很想從一個極片跑到另一個極片，於是它們藉著電線從第一個極片來到圖釘上。不過現在它們卡住了，得通過空氣才到得了第二個極片，但這很難辦到。不過如果你將圖釘移得離第二個極片夠近的話，就有可能。這時，電子會奮力一跳，你看見的小火花，便是正在穿越半空中的電。

當遠方雷電交加，你會先看到閃電的火光，接著才聽見雷聲，p91會解釋真正的原因！

68 製造電池

需要準備：

- 一個裝了少許醋的玻璃杯
- 兩條銅電線，兩端都除去外皮
- 一個金屬迴紋針

① 將兩條電線的兩端擦拭乾淨，取其中一條，一端綁在迴紋針上。

② 將迴紋針和另一條電線的一端放在醋中，小心別讓綁著迴紋針的電線接觸到另一條電線。

③ 把其中一條電線放到舌頭上。

④ 再把第二條電線放在舌頭上，是不是感覺到味道有點不同？

電池裡頭的哪些東西會製造電？

太厲害了！你做出一個電池囉！當你把兩條電線放在舌頭上，你會嚐到一點怪味，那是電的味道。它是因為杯子裡的迴紋針、銅線和醋而製造來的，其中經過了一種化學反應。電池裡頭雖沒有醋，不過經由其他東西產生的化學反應製造電。

你想對化學反應有更明確的認識？回頭參考p8！

69 電生光的原理

需要準備：

- 一個4.5V的方形電池
- 一個傳統燈絲燈泡
- 一副太陽眼鏡

① 首先仔細看清楚燈泡內部。兩邊的線很粗，中間的線很細，看到了嗎？現在戴上太陽眼鏡。

② 把燈泡放在電池的一個極片上。

③ 稍微調整燈泡，讓它碰到第二個極片。燈泡亮了，是燈泡的哪些線產生光？那兩條粗線還是中間的細線？

你知道嗎？
以前的燈泡都有燈絲，但今天家裡常見的省電燈泡和LED燈泡靠其他技術發光，這是件好事，因為這些燈泡省了不少電。

為什麼燈泡會變熱？

你已經知道電池的電流由許多小電子組成。這些電子在電線裡一個接著一個往前進。如果電線粗，電子有充裕的空間可以通過。不過如果電線細，電子就會擠成一團，它們不斷摩擦電線，並讓電線變熱。傳統燈泡裡的燈絲就是這麼一回事：燈絲變得很燙幾乎快燒起來，於是產生了光線。

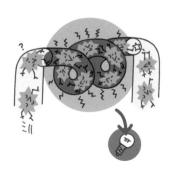

摩擦容易生熱。你可以從p28的實驗得到印證！

70 找出獲得更多光線的方法

需要準備：

- 兩個1.5V的圓柱電池
- 膠帶
- 一個傳統燈泡
- 一條兩端去除外皮的電線

① 用膠帶將電線的一端貼在電池一（負極）上。另一端纏住燈泡。

② 將燈泡底部碰觸到電池的另一邊。燈泡亮了，但很亮嗎？

③ 利用兩個電池重複上述步驟，但要讓第一個電池的＋（正極）接觸第二個電池的一（負極），如圖所示。燈泡比剛才亮？還是比剛才暗？

你知道嗎？
我們常用公尺度量長度，用伏特
（V）度量電壓。比方說，電源插座
提供110伏特的電壓，能供應很多
電，你的電池是幾伏特呢？
看一下，上頭有註明。

兩個電池比一個電池產生更多電？

單靠一個電池，電燈發出微弱的光線，因為電池提供不多的
電流。兩個電池加在一起合作能產生雙倍的電流，燈泡也加
倍明亮。如果你用4.5V方形電池或電池盒來點亮燈泡，它會
更亮，因為一個4.5V電池相當於三個圓柱電池。

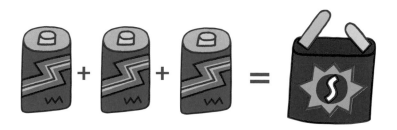

**亞歷山德羅・伏特（Alessandro Volta）是發明電池的人，
而電壓的單位即以伏特來命名。但牛頓又是誰？力的單位
卻以他的名字來命名。參見p184！**

71 製作電路

需要準備：

* 一個4.5V方形電池
* 一個傳統燈泡
* 兩條兩端都去除外皮的電線
* 鋁箔紙
* 膠帶

1 用一條電線的尾端纏住燈泡金屬部分。

2 用一小塊鋁箔紙包住第二條電線一端，將鋁箔紙折攏成一個紙球。

3 把一截膠帶放在桌子上，有黏性的一面朝上，將鋁箔紙球固定在膠帶上。

4 將燈泡底部放在鋁箔紙球上，用力壓著，把膠帶貼到燈泡兩邊，注意：鋁箔紙球應該接觸的是燈泡的底部，不是燈泡底部的兩側。

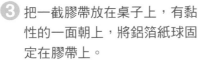

不正確　　　正確

5 用膠帶將電線貼在電池其中一個極片上，以同樣的方式將另一條電線貼在另一個極片上。燈泡亮了。

穿梭在鄉間的電線有何用途？

有些設備可以造電，像是電池、手搖發電手電筒、發電廠
等，但有些東西需要電才能運轉，像是燈泡、電腦、收音機
等。要將電從前者傳送到後者則需要電線，它們就像水管把
水從蓄水池輸送到洗臉槽或浴缸。

電力

**你知不知道，用一條電線、一個螺絲和一個電池就能
製造一個磁鐵？你可以從p180的實驗得到印證。**

72 比較電流流過 不同物質的狀況

1 用膠帶把一條電線的一端貼在電池的一個極片上。電線另一端纏住燈泡金屬部分，電線的金屬部分必須接觸到燈泡的金屬部分。

2 用膠帶把第二條電線的一端貼在電池另一個極片上，電線另一端貼在鐵叉子上。

3 將燈泡底部觸碰到叉子，燈泡有發亮嗎？

4 移開叉子，改貼上麥克筆，把燈泡底部觸碰麥克筆，燈泡有發亮嗎？

鐵、鋁、銀能讓電流通過,被稱為良導體。塑膠、木頭、玻璃阻礙電流通過,被稱為絕緣體。

電能穿過任何物質嗎?

叉子上的燈泡會發亮,麥克筆上的燈泡則不會,為什麼?因為叉子是鐵做的,鐵是一種能讓電通過的物質。電池的電流穿過電線、叉子,然後一直到達燈泡,燈泡變亮了起來。麥克筆則不同:塑膠是一種能透擋住電的物質,所以電池的電流到不了燈泡,沒有電,它就亮不起來。

「絕緣體」和「良導體」這些說法不只適用在電方面,翻開 p34,你會發現它們也用在另一個領域。

73 製造電源開關

需要準備：

- 一個4.5V方形電池
- 一個傳統燈泡
- 三條兩端都去除外皮的電線
- 鋁箔紙
- 一個軟木塞
- 兩個金屬圖釘
- 一個迴紋針
- 膠帶

① 這個線路布置可參考p160前四個插圖，如果線路布置已經做了，就不必重做。

② 用膠帶將一條電線固定在電池的其中一個極片上。將另一條電線的一端纏住圖釘，把圖釘釘在軟木塞上。

③ 將第三條電線的一端固定在電池另一個極片上，電線另一端纏住第二個圖釘，讓圖釘尖頭穿過迴紋針，然後釘在軟木塞上。

④ 隨意轉動迴紋針，當它同時接觸到兩個圖釘，燈泡就會亮。

電源開關怎麼運作？

恭喜你，你剛剛做好一個真正的電源開關。讓我們一起看它怎麼運作的。電池的電子喜歡從一個極片旅行到另一個極片，為此，電子把電線當作橋梁。當迴紋針沒接觸到兩個圖釘，這就好像兩個極片之間的橋梁被沖斷了。電流流不過去，電燈就不會發亮。當迴紋針接觸到兩個圖釘，橋梁修好，電流順利通過，燈泡就亮了。

想知道如何將迴紋針變成磁鐵？
p172的實驗會告訴你答案。

磁鐵

你家的冰箱上大概貼著許多磁鐵飾品，不過你知不知道，許多磁鐵隱藏在你的身邊？譬如收音機的揚聲器裡或某些電動馬達內。地球本身就是一塊大磁鐵。為什麼磁鐵能吸引鐵，但不能吸引玻璃？指北針怎麼運作？什麼是電磁鐵？

目錄

74 是誰吸引誰

1 將全部物品統統放在桌子上。

2 把磁鐵放在一旁。隨意拿起一件物品，讓它碰觸其他物品，它們會吸住不放嗎？

3 拿著磁鐵碰觸所有物品，它會吸住哪些東西？

磁
鐵

哪裡有磁鐵？
你有時能在某些櫥櫃的門上找到磁
鐵，或在超市DIY架上買到。磁鐵飾
品也算磁鐵，不過磁力不強，
不能當作實驗材料。

磁鐵是什麼？

在你全部的物品當中，只有磁鐵會吸住物品，但它也不是照
單全收！它能吸住鐵叉子，但不能吸住玻璃、鋁箔紙。這要
看物品是什麼材質而定。磁鐵物質含有無以計數、排列整齊
的小磁鐵群，這就是為什麼它可以吸住東西。鐵也含有小磁
鐵群，因為這樣，鐵才能被磁鐵吸住，不過因為鐵的小磁鐵
群沒有排列整齊，所以鐵不是磁鐵。玻璃或鋁箔紙都不含有
小磁鐵群，所以不會被磁鐵吸住。

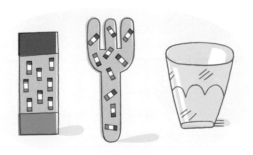

為什麼鐵是一種不同於玻璃、紙或鋁箔紙的物質？
回頭翻開p6！

75 用磁鐵指引小船

需要準備：

- 一個玻璃盤
- 一個軟木塞
- 一把尺
- 一個鐵迴紋針
- 膠帶
- 兩本書
- 一個磁鐵

① 用膠帶把迴紋針黏貼在軟木塞上。

② 用膠帶將磁鐵貼在直尺的一端。

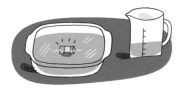

③ 在玻璃盤倒入少許水，放入軟木塞，軟木塞會浮在水面上，讓迴紋針朝下。

④ 將兩本書放在桌子上，相隔一點距離，將玻璃盤放在書上。

⑤ 將直尺貼著磁鐵的一端放到盤子底下，就在軟木塞下方，現在你只需挪動磁鐵就能讓軟木塞跟著移動。

磁
鐵

小字典

有人說磁鐵會在四周產生
磁場，但磁場是肉眼看不見的，
不過在磁鐵四周撒一些鐵粉，我
們就能看見它。

磁鐵的吸引力能穿越玻璃嗎？

你的手不必碰到船就能移動船！雖然隔著玻璃和水，你的磁
鐵還是能夠吸引鐵迴紋針。磁鐵對含有鐵的物質施展看不見
的吸引力，而且即使有一段距離還是能發揮作用：磁鐵不必
碰到鐵迴紋針就能吸引它。不過如果兩者越接近，吸引力會
更強。這股吸引力還能穿過水、空氣、玻璃或紙唷。

你想知道為什麼軟木塞會浮在水面上，
迴紋針卻沉到水底呢？快做p56的實驗！

76 組成迴紋針鏈子

需要準備：

- 一個磁鐵
- 兩個鐵迴紋針

1 先確定這兩個迴紋針沒有磁化，不會相吸。

2 將兩個迴紋針放在桌上，用磁鐵吸起第一個迴紋針。

3 再把第一個迴紋針放在第二個迴紋針上，它們會黏在一起嗎？

4 用另一隻手慢慢取下第一個迴紋針，第二個迴紋針還會黏住不放嗎？

第二個實驗

如果你的磁鐵磁性夠強，你的雙手也夠敏捷，你有可能完成三個甚至四個迴紋針的鏈子呢，你最長的紀錄是幾個迴紋針呢？

一塊鐵能成為磁鐵嗎？

放在磁鐵上的迴紋針變成了磁鐵。磁鐵裡含有無以計數的小磁鐵群，它們都朝著相同的方向。鐵也含有小磁鐵群，不過朝著不同的方向，所以鐵不是磁鐵。不過當你把迴紋針放在磁鐵上，迴紋針的小磁鐵群就不得不朝著相同的方向，這麼一來，迴紋針就變成磁鐵。後來，你將迴紋針和磁鐵分開，迴紋針的小磁鐵群回復到原先的狀態，迴紋針就逐漸失去磁性了。

你想不想把螺絲起子變成磁鐵，而且永久都保有磁性呢？
快翻開下一頁！

77 螺絲起子變磁鐵

需要準備：

- 一個磁鐵
- 一把螺絲起子
- 鐵大頭針若干

1 確認螺絲起子沒有磁化，大頭針不會黏在上頭。

2 將磁鐵放在螺絲起子接近把柄的金屬部分朝著尾端摩擦，如此重複十次，每次都要從把柄往尾端的方向摩擦。

3 將螺絲起子放在大頭針上方，大頭針會黏在上頭嗎？

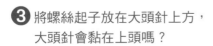

磁
鐵

你知道嗎？

磁鐵、磁場、磁帶，這些詞彙都
借用了一個城市的名稱「馬格尼西亞」
（Magnesia）。古代希臘人在這個城市找到
一種可以吸引鐵的黑石頭。他們把這種天
然磁石叫做「馬格尼西亞的石頭」。

為什麼被磁鐵摩擦過的鐵會有磁性？

螺絲起子變成磁鐵了！磁鐵中有數以萬計的小磁鐵群，它們
都朝向相同的方向。鐵裡頭的小磁鐵群朝著不同的方向，這
也是為什麼鐵沒有磁性。不過當你拿著鐵摩擦磁鐵一段時
間，你會讓小磁鐵群不得不朝著相同的方向。這時鐵變成磁
鐵，螺絲起子能吸住大頭針就是最好的證據！

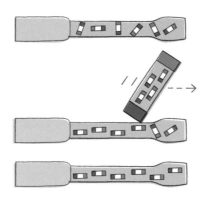

**既然你手邊有大頭針，如果拿其中一根放在燭火中燒會怎樣
呢？回頭翻開p110就會知道！**

78 讓磁化的縫衣針相互排斥

需要準備：

· 一個磁鐵
· 三根相同的縫衣針
· 紅色和藍色的水彩顏料
· 紙
· 膠帶

❶ 三根縫衣針併攏放在紙上。貼上膠帶，但要讓每個針的兩端都露出來。

❷ 磁鐵放在縫衣針的一端後朝著另一端摩擦，然後拿起磁鐵重新開始，往同樣的方向摩擦，如此重複十次。

❸ 在縫衣針的一端塗上藍色的水彩，另一端塗上紅色水彩。水彩乾掉後撕掉膠帶。

❹ 如果你把一根針的藍端接近另一根針的藍端會怎麼樣？如果相接近的是兩根針的紅端？或者相接近的是不同顏色的末端？

第二個實驗
如果你有兩個磁鐵，可以試著讓
相斥的兩極相靠近，但必須花費一
番力氣才能讓它們碰在一起。

為什麼磁鐵有時會相互排斥？

你用磁鐵摩擦縫衣針，縫衣針就變成磁鐵了。不過奇怪的是
相同顏色的兩端會相斥，不同顏色的兩端會相吸！磁鐵有兩
極：南極和北極。兩個磁鐵的北極會相斥，兩個磁鐵的南極
也會相斥。不過一塊磁鐵的北極會吸引另一塊磁鐵的南極。

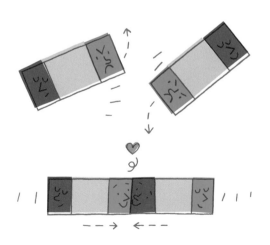

一塊磁鐵對另一塊磁鐵會產生引力或斥力。
你想對力有進一步的了解嗎？快翻開p184！

79 製作你的專屬指北針

需要準備：

- 一個磁鐵
- 一根大頭針
- 細一點的縫衣線
- 膠帶

1 將磁鐵摩擦大頭針十餘次，每次摩擦的方向都要一致。

2 剪下一截細線，長度為本書的兩倍。

3 用膠帶將細線的一頭貼在大頭針中央。

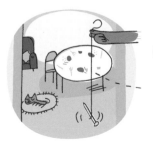

4 提起細線的另一頭，觀察大頭針會朝哪個方向靜止下來。搖動一下，方向改變了嗎？

對或錯？
如果指北針附近有個龐大的鐵質
物體，它就不會指向北方了？

為什麼指北針會指向北方？

磁化的大頭針總是指著相同的方向，就算你移動也一樣！你
做了一個指北針，它的運作原理是這樣的：地球裡頭有一大
塊鐵心，它的作用就跟磁鐵一樣，換句話說，地球就是一個
巨人的磁鐵！不過你知道一塊磁鐵的北極會被另一塊磁鐵的
南極吸引，所以說，地球的北極會把你大頭針的南極吸引過
去，於是你的大頭針就永遠指向北方了。

尋著你的指北針走到
北極端的話，大頭針會再掉頭
向東來喔。

**想知道西方在哪裡，找到太陽下山的方向就對了！要想知道為
什麼這個時候的太陽會變成橙紅色的，參見p136！**

80 製作電磁鐵

需要準備：

· 一個1.5V圓柱形電池
· 一條60公分長的銅線，兩端
  去掉外皮
· 一支大螺絲釘
· 一個迴紋針

1 利用磁鐵確認螺絲釘和迴紋針
   都是鐵做的。

2 將銅線纏繞螺絲釘十圈，把螺
   絲釘放在迴紋針上，拿起螺絲
   釘，迴紋針會黏住螺絲釘嗎？

3 請一位大人把銅線的兩端接到
   電池上，然後你將螺絲釘放在
   迴紋針上，迴紋針會黏住螺絲
   釘嗎？如果拿開電池呢？

小心！
用電池做這個實驗時，銅線的兩端
會熱得很快，小心別燙到！還有千
萬別用電源插座做這個實驗，非常
危險！你會被電死！

電磁鐵是什麼東西？

當電流通過銅線，螺絲釘就變成磁鐵了！你知道鐵螺絲釘含
有許多小磁鐵群，在正常情況下它們朝著不同方向，所以螺
絲釘不能像磁鐵那樣產生磁性。不過當電流經銅線時卻產生
了磁場，這時螺絲釘的小磁鐵群統統朝著相同的方向，於是
變成了磁鐵。一旦電流切斷，小磁鐵群又恢復原狀，磁性消
失不見。你成功做了一個電磁鐵。

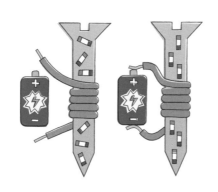

電磁鐵因為電池的電而產生磁性。
想知道電池如何產生電嗎？參見p154。

力和機械

你有力氣嗎？接下來的實驗會讓你發現，除了你身上的肌肉能產生力氣外，還有別的：比如摩擦力、地心引力等。你也會看到某些簡單的機械能幫助你完成工作。你知不知道滑輪能增強你的力氣？如何讓投射器增強威力？如何製造機器手臂呢？

目錄

81 發現地心引力

需要準備：
- 襪子數雙

❶ 將一雙襪子往上拋，然後會怎樣？

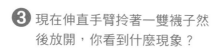

❷ 將另一雙襪子往旁邊一扔，又會怎樣？

❸ 現在伸直手臂拎著一雙襪子然後放開，你看到什麼現象？

你知道嗎？
英國科學家伊薩克·牛頓在十七世紀時就知道地心引力定律了。據說有一天他在蘋果樹下睡午覺，一顆蘋果掉下打在他的頭上，他才會有這個發現！

什麼是力？

力是一種作用，它能夠改變物體運動的狀態，甚至讓它變形。當你把襪子拋到半空中或扔到一旁，它們會往上或往旁邊飛去，這是你肌肉的力量促使它們這麼移動。但是襪子最後還是會掉到地上，為什麼？那是因為還有一種叫做「地心引力」的力量吸引它們往下掉。所有的物體、動物、人都服從地心引力，這也是為什麼我們雙腿用力一跳到半空中後，還是會掉回到地面上。這一點，就算我們住在地球的另一邊也一樣！

要戰勝地心引力飛到太空中，只有火箭才辦得到。
想了解火箭推進器是怎麼運作的，必須翻開p80！

82 測試機器的實用性

需要準備：

- 一把核桃鉗
- 一顆核桃
- 一部腳踏車、一部滑板車或直排輪
- 一位好朋友

① 將核桃放在掌心上，用力握拳，你能壓碎核桃殼嗎？

② 現在使用核桃鉗看看，你能壓碎核桃殼嗎？

③ 你在路上騎腳踏車、滑板車或滑直排輪，你的朋友用兩隻腳丫子，比賽誰比較快？

對或錯？
齒輪是多了牙齒的
小輪子嗎？

什麼是機器？

光靠手是不能壓碎核桃核的！比賽誰快，用腳快跑的一定
輸！不過有了核桃鉗，你敲的力氣變大，有了腳踏車、滑板
車或直排輪，你能移動得更快速。不過，你還是你：你肌肉
的力量並沒有改變。但是有了機器相助，你能把肌肉的力量
發揮得更好，成功完成不可能做到的事。機器讓我們善用力
氣而幫了我們許多忙。

對。
輪子的齒都可以互相咬合，所
以當一個輪子開始轉動，便會
帶動另一個輪子，手錶的齒輪就
因為這樣才能轉動。

電供應能量給許多機器，想認識它，翻開p148！

83 不用起重機也能舉起磚塊

需要準備：

- 三個方形空紙盒
- 一截繩子
- 一支長木條
- 一本大開本、頁數不多的硬
  殼書，譬如圖畫書

1 將兩個盒子上下疊起來，第三個紙盒子以蝴蝶結綁在繩子一端。

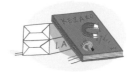

2 拉著繩子，提起盒子，放在兩個盒子上面，費力嗎？

3 將圖畫書的一面靠在疊起的紙盒上，製造一個斜坡。

4 將第三個紙盒放在斜坡底下，拉動繩子讓紙盒爬到疊著的兩個紙盒上，沒那麼費力嗎？

5 以長木條代替圖畫書做成比較長的斜坡，跟剛才一樣拉動紙盒，是不是更輕鬆了？

你知道嗎？
山上的小路經常彎彎曲曲的，
是為了讓坡度不那麼陡，跟筆
直的小路比起來，距離雖拉長
了，但卻不必爬得那麼辛苦。

埃及人如何建造金字塔？

要搬動磚塊可不容易吶。由斜坡拉上去比較輕鬆。要是斜坡
又長又緩，那就更完美了。有了斜坡，你很容易使力，是最
簡單的機器。你雖然得拉更遠的路，不過花的力氣卻被整條
斜坡平均分攤。坡度越平緩就越好拉！4600年以前，埃及人
還沒有起重機，為了建築金字塔，他們可能先造一些長土
坡，好拉動大石磚，等到金字塔蓋好，土坡就被拆除了。

金字塔在4600年前蓋好，大教堂是什麼時候建造的？
欲知解答，請翻到p220。

84 讓大卡車滾動

需要準備：

- 三支圓柱形鉛筆或麥克筆
- 一個方形空紙盒
- 一條橡皮筋

1 用橡皮筋綁住盒子，把盒子放在桌子上，用手指頭夾住橡皮筋並拉動，會怎麼樣？

2 現在將三支鉛筆每支間隔一公分地放在桌子上，再把牛奶盒放在鉛筆上，如圖所示。

3 手指頭夾住橡皮筋並拉動，會怎樣？

對或錯？
油能減少摩擦力。

什麼是摩擦力？

如果沒有鉛筆，橡皮筋雖被拉得長長的，但是盒子還是不動。如果放在鉛筆上，盒子馬上移動起來，但是你花同樣的力氣拉橡皮筋。改變的因素是鉛筆：沒有它們，盒子摩擦桌子，而且產生一種力量，叫做「摩擦力」，它會抵銷你肌肉的力量，阻止盒子移動。但如果把盒子放在鉛筆上，盒子像加上滑輪似地滾動，它不再摩擦桌子，所以也沒有摩擦力抵銷你肌肉的力量，於是盒子移動了。想要搬動重物，裝上滑輪的機器很實用！

對。油讓物體表面滑溜溜，減少彼此摩擦。

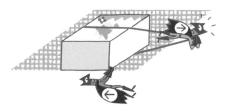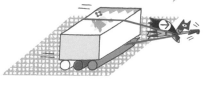

摩擦可以生熱，有時產生的熱強到可以製造光。
翻開p156能知道得更清楚！

85 製造滑輪

需要準備：

- 一個方形空紙盒
- 一支長鉛筆
- 一條3公尺的繩子或羊毛線
- 一個空的大線軸

❶ 把盒子綁在線的一端。將盒子放在地上。

❷ 抓住靠近盒子的繩子並往上提，盡量提高，然後將盒子放回地上。

❸ 將鉛筆穿過線軸，請一位大人抓著兩端與胸腔齊高。

❹ 讓繩子繞著線軸，往下拉使盒子往上升，是不是比剛才容易？

繼續實驗：

請大人兩手舉高，你能把盒子拉得比你還高！沒有滑輪是辦不到的。

為什麼有了滑輪就比較容易舉起重物？

利用繞著線軸的繩子就很容易拉起盒子。你的線軸扮演滑輪的角色，它也改變你拉動繩子的方式：沒有線軸，你會往上拉，有了線軸，你會往下拉，這樣反而更好，因為你能借助你本身的重量。這種機器很實用吧！有人認為是古希臘人在西元前四世紀發明的。自此以後，它常被用來提起重物。

一起使用好幾個滑輪，你的力氣可以增加好幾倍，下一頁你會有進一步的了解！

86 讓你的力氣增加好幾倍

需要準備：

- 兩支上過漆的掃帚
- 一條繩子
- 兩位朋友

① 請兩位朋友雙手拿著掃帚面對面站著。

② 在其中一支掃帚繫上繩子並打蝴蝶結。

③ 將繩子纏繞兩支掃帚三圈，如圖所示。

④ 請這兩位朋友用力抓住掃帚，以免掃帚相互靠近。抓住繩子用力拉，接下來會怎麼樣？

什麼是滑輪組？

你能夠使你的兩位朋友越來越靠近，雖然他們極力反抗也沒用！這表示了你的力氣比他們加起來還大嗎？非也，而是你做了一個滑輪組，那是一種能增強你的力氣的機器。纏繞著掃帚的繩圈像滑輪一樣運作，當你同時使用好幾個滑輪，你的力氣也增強好幾倍。在這個實驗中你用了6個滑輪，你的力氣因此增加了6倍，你的朋友肯定被你唬得一愣一愣的。

樣。假設掃帚上真的有6個滑輪，你的力氣就能乘以6倍，如果你有25公斤重，你就能提起150公斤的櫥櫃了嗎！

別那麼快收起掃帚，你還能用來做p96的聲音實驗！

87 製造投射器

需要準備:

- 一支30公分的直尺
- 兩支上過漆的掃帚
- 一個橡皮擦
- 鉛筆數支

這裡

1. 在房間裡,遠離四周家具,拿著直尺的一端放在胸前,橡皮擦放在靠近手的位置。

2. 手迅速朝外劃半圈,拋出橡皮擦,將一支鉛筆放在橡皮擦掉下的地方。

3. 回到拋射位置。將橡皮擦放在直尺中央,再劃一次半圈,橡皮擦會掉到比較遠的地方嗎?

4. 將橡皮擦放在直尺另一端迅速劃半圈,你注意到什麼現象?

你知道嗎？
利用槓桿的器具很多。胡桃鉗以兩
個長柄夾作為槓桿，能很容易壓碎
胡桃殼。槌子以長把柄作為槓桿才
能敲得更大力。

槓桿如何運作

橡皮擦離手越遠就掉得越遠。這時你的直尺就是一支槓桿，
槓桿是一種繞著定點旋轉的棒子，也是一種能增強你的力量
的簡單機器。槓桿越長，力量就越大，因此橡皮擦放得離手
越遠就掉得越遠。單輪推車的原理也是。它的握把會繞著輪
子轉，能發揮槓桿的作用。你抓的地方離輪子越遠，就越容
易舉起重物。

**古希臘科學家阿基米德對槓桿很感興趣，他也是第一個
明白為什麼船會浮在水面上的人，詳見p56！**

88 使彈珠翻跟斗

需要準備：

- 一個塑膠杯
- 一條相當於手臂長的縫衣線
- 一支縫衣針
- 一個彈珠

1 請一位大人將線穿過針孔，再用針刺穿塑膠杯口邊，接著刺穿塑膠杯口另一邊。

2 取下縫衣針，將縫衣線在塑膠杯上方打個蝴蝶結。

3 把彈珠放入塑膠杯。將線的尾端綁在一隻手指頭上。站起來，遠離家具。

4 輕輕拋出塑膠杯，接著360°快轉數圈，彈珠會掉出來嗎？

找出不一樣的東西
以下哪一種機器不靠離心力運轉：
沙拉脫水器、洗碗機、腳踏車。

什麼是離心力？

哇唷！好厲害的翻跟斗！彈珠不會掉出來，就算塑膠杯上下顛倒過來也不會。是什麼東西拉著它待在杯子裡？當一個東西或一個人快速旋轉時，他們會被往外推，如果你坐過旋轉咖啡杯就有過這種經驗。在塑膠杯裡也是這麼回事：當彈珠在上方，它被往外推，也就是被推向高處，好像有人拉著它一樣，這就叫做離心力。

腳踏車。
其他兩種機器的外殼會轉得很輕，
工作多少次，甚至們所以運轉時，
離心力會把水往外推，水就從這
些小洞跑出來。

你知不知道，你能利用彈珠和縫衣線度量消失的時間。
為此，你得做出p210的鐘擺。

89 製造電動馬達船

需要準備：

- 一個空的果汁鋁箔包
- 四條橡皮筋
- 兩支鉛筆
- 一張像信用卡之類的過期塑膠卡片
- 一把剪刀
- 一個浴缸或洗碗槽

❶ 用三條橡皮筋綁住鋁箔包，把兩支鉛筆分別放在鋁箔包兩側，而且套在橡皮筋裡頭。

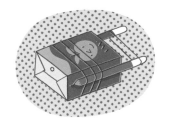

❷ 將最後一條橡皮筋套在兩支鉛筆尾端。

❸ 請一位大人將塑膠卡片剪成四塊。

❹ 將其中一小塊卡片放在橡皮筋裡並讓它對著你轉十圈。抓好小卡片，同時將鋁箔包放在水面上，鬆開手看會發生什麼事？

你知道嗎？
彈簧的功能很像橡皮筋，如果
你拉長彈簧，它後來會恢復原狀，
我們可以把它因此所產生的力用在
機器上，幫助它運轉。

水車是什麼？

從前，有一些船前進的方式跟你所做的船一樣：船尾裝著一種叫做「水車」的大輪子，有蒸汽機讓它轉動。在這個實驗裡，那塊小卡片扮演水車的角色，橡皮筋是動力馬達。當你讓卡片繞著自己轉，你也讓橡皮筋拉得更長。接著，當你放開手，橡皮筋回到最初狀態，並導致卡片朝反方向轉動，轉動的卡片把水推向後方，鋁箔包便往前衝去。

**你想製造一艘不靠馬達也不需風帆，
但比較像靠魔法移動的小船嗎？翻開p170！**

90 打造機器手臂

需要準備：

- 兩頁筆記本紙張
- 一把剪刀
- 一支筆
- 四支雙腳釘
- 四支長鉛筆

1 如圖將紙張對半剪成兩張，再將剪好的每張紙折三折。

3 將兩個紙條交叉放好，用一支雙腳釘插入中央的小洞。取出另外兩個紙條重複這個步驟。

5 每個紙條都插入一支鉛筆。

2 用筆在紙的上端和中央分別鑽一個小洞。

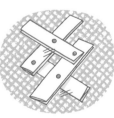

4 如圖把兩個十字架接在一起，將最後兩支雙腳釘插進小洞裡。

你知道嗎？

在工廠裡，機器有時可以取代人力，它們從事重複性的工作，老是做一樣的動作。比方替汽車上漆或焊接。

機器手臂如何發揮功能？

你做了一個機器手臂！拉遠或拉近末端，它就會伸長或縮短！如果加上更多紙條，你能做出更長的機器手臂！比方說，你不必離開座椅也能打開位於房間另一頭的開關！對不良於行的人很方便。但要讓這隻手臂像真正的機器人自動運轉，就需要動力馬達了。然後，必須接上電腦，由電腦給它指令。

有了機器人，要到火星或月球上進行探勘就方便多了，
如果你想更了解月球，快翻開p216！

時間

「我沒時間」、「這太花時間了」，每個人都在說消逝的時間，但是沒有人真能說出時間是什麼。我們只知道時間流失了，不過我們可能回到過去嗎？怎麼根據日照看出時刻？為什麼玩的時候比百般無聊時過得更快？

目錄

91 觀察時間消失

需要準備：

- 一個茄子
- 一把刀
- 一張紙
- 一支筆

① 請一位大人將茄子對半切開。

② 將半個茄子放在紙上，切開的那一面對著紙，用筆描繪茄子的輪廓，並在一旁寫下日期。

③ 將這半個茄子放在屋外擱置一夜，隔天再放在紙上同個地方描繪輪廓並寫下日期，你有發現不同嗎？四天中每天重複上述步驟。

對或錯

我們活在現在，不過，若是
有了時光旅行機器，回到過去
或提早去未來是有可能的。

能讓時間停下來嗎？

時間既不能縮短又不能拉長也看不見。不過，我們可以觀察
它產生的結果：打從第二天起，茄子開始枯萎、縮小。它的
外形是騙不了人的！時間過得越久，它變得更乾癟，回不去
最初的樣子。想要回復原來的樣子，必須讓時間倒轉好幾
天，但這是不可能的。時間總是往同一個方向流失，停不下
腳步。它就像一支箭，只會往前衝，所以古人說：「光陰似
箭，歲月如梭。」

錯！
根本不可能。停了電
池，這真希望是有在
這種機器的。

你知道為什麼茄子會一天比一天萎縮嗎？
p60會解釋原因！

92 製造沙漏

需要準備：

- 兩個空塑膠瓶（500 ml）
- 乾燥沙子（或鹽巴）
- 紙
- 一支鉛筆
- 膠帶
- 有秒針的手錶

1. 將兩個空瓶子放在太陽下晾乾，在其中一個倒入半瓶的沙子。

2. 剪一塊紙，比瓶口稍大，放在瓶口上，稍微往四周折下並貼上膠帶。用鉛筆在紙上戳一個比綠豆稍小的洞孔。

3. 將另一個瓶子顛倒過來放在第一個瓶子上，用膠帶牢牢黏住兩個瓶口，沙漏就完成了！

4. 把沙漏轉過來，用手錶測量沙子從一個瓶子流到另一個瓶子需時多少。重複數次。

你知道嗎？
以前，古埃及人用漏壺計時。
它有點像沙漏，不過裝的不是
沙子而是水。

如何用沙漏計時？

每次沙漏變空所需要的時間都一樣，頂多幾秒之差而已！所以，如果你打電玩的時間相當一個沙漏變空的時間，接著你的朋友玩的時間也相當一個沙漏變空的時間，那麼你們玩的時間是一樣長的。我們能利用沙漏計時。如果需要長時間計時，沙漏每次漏光就得趕緊翻轉過來，並計算總共翻轉了幾次。一堂算術課至少要翻轉20次，不是嗎？

沙子是一種奇妙的物質。雖然沙子每一粒都很堅硬，不過聚集在一起卻能像水一樣流動，翻開p46就能了解液體是什麼！

93 數數看，
彈珠擺動多少次？

需要準備：

- 一捆線
- 一個彈珠
- 一把剪刀
- 有秒針的手錶
- 膠帶
- 一張桌子
- 一位朋友

① 用剪刀剪下一截線，長度相當於桌子的高度。

② 將彈珠黏在線的一端，線的另一端貼在桌子邊緣，別讓彈珠碰到地面。

③ 拉緊線將彈珠扳到一邊，放開彈珠同時說「預備～起」。你在心裡默數彈珠來回擺盪的次數，你的朋友用手錶計算秒數。來回擺動十次後，喊「停」。總共花了幾秒呢？

④ 再來一遍，將彈珠扳得更高，這次花了幾秒呢？

你知道嗎？
彈珠掛在線尾，承受自己的
重量來回擺盪，叫做「擺錘」。
而利用擺錘運轉的時鐘
就叫做「擺鐘」。

擺錘是什麼？

無論我們一開始花了多少勁放開擺錘，它還是花一樣的時間
來回擺盪。利用這種規律性，我們才能製造擺鐘，只要加上
指針，讓它們依照擺動的韻律走動即可。再加上彈簧機制，
擺錘就能來回不停擺盪。因為這個發明，我們無論何時都能
知道時間，而不必整天忙著翻轉沙漏。

知不知道，我們可以用牛奶做彈珠？
是真的，p12有解釋！

94 製造日晷

需要準備：

- 一個鞋盒
- 一張紙
- 一支原子筆和一支鉛筆
- 一支手電筒
- 一支手錶

① 把紙貼在鞋盒上，在盒子中央處插上鉛筆，鉛筆要能自己直立。

② 讓房間處於黑暗中。打開手電筒，從鉛筆上方、四周照下去，鉛筆的影子有何不同？

③ 現在使用日晷。找個晴朗無雲的日子把日晷放在太陽下，用原子筆在紙上把鉛筆的影子畫下來並記下時間。小心別移動鞋盒！每15分鐘再做一次，直到一個小時為止。你得到什麼結果？

小心！
別直視太陽，就算戴著墨鏡也
不行，會讓眼睛受傷。

為什麼日晷能指出時間？

當你移動手電筒時，鉛筆的影子會改變方向和長度，當你把
日晷放在太陽下也一樣。隨著一天過去，太陽在天上移動：
它在東方升起，直到中午為止都一直往上爬，傍晚時往西沉
下。其實是地球在自轉，太陽並沒有移動。在這個過程中，
鉛筆的影子改變長短和方向。快要中午時它變得最短。由於
每15分鐘畫出一個影子，你得到一個讓人聯想起手錶的日
晷。

為什麼鉛筆被太陽照到時，你的日晷上會出現一道影子，
回頭翻開p108！

95 製造白天和黑夜

需要準備：

- 一個柳橙
- 一支手電筒
- 一支棒針
- 火柴

① 柳橙代表地球，用棒針貫穿柳橙，火柴代表你，插進柳橙裡。

② 手電筒代表太陽，在陰暗的房間裡，將手電筒打開並放在桌子邊。把柳橙插著火柴的這一面對著光。

③ 轉動半圈棒針，火柴還是繼續被照亮嗎？再讓柳橙轉半圈，火柴變成什麼樣子？

地球自轉一圈需要多少時間？

一天當中你看著太陽在天上移動，事實上它沒有動，是地球在自轉。首先，當你面對著太陽時就是白天。接著地球轉了半圈：你再度回到黑暗中，也就是黑夜。後來又轉了半圈，你再度看到太陽和白天。因為地球每12個小時就轉半圈，白天和黑夜平均各有12個小時。繞完一圈需要24小時，也就是一天。

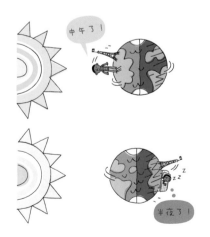

對。因為地球會自轉的緣故，日本位於太陽照射的這一邊，黑夜的那一邊就是歐洲。等一下半個地球繞到太陽的另一邊，白天黑夜就交換了。

地球自轉一周需要一天的時間，但你知不知道它繞著太陽轉一圈需要多少時間呢？答案見p218。

96 觀察月相變化

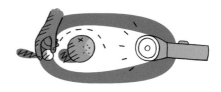

① 在陰暗的房間裡把手電筒放在桌子上：把它當作太陽。將柳橙放在稍遠處，但沐浴在手電筒的光線中：它是地球。將乒乓球放在柳橙旁邊，也沐浴在光線中：它是月球。

② 月亮繞著地球旋轉，讓乒乓球繞著柳橙轉一圈，你會看到它只有一半被照亮。

③ 把頭探在柳橙上方，看著乒乓球。你從被照亮一半的乒乓球上看到什麼？

④ 讓乒乓球繞著柳橙轉四分之一圈，你從被照亮一半的乒乓球上看到什麼？重複上述步驟直到乒乓球繞著柳橙轉完一圈。

為什麼月球在一個月中會逐漸改變形狀？

乒乓球被照亮的部分會改變形狀，就像一個月之中的月球。你知道為什麼你應該把頭放在柳橙上方看著乒乓球嗎？因為這是你的位置，你在地球上！所以在這個實驗裡，你看著乒乓球就好像你看著真正掛在天上的月球一樣。當你讓乒乓球繞著柳橙轉動，你看著被照亮的部分逐漸出現月球在天上的所有形狀。由於月球需要29天才能繞地球一圈，所以兩個滿月之間隔了將近一個月。

天文學家會使用望遠鏡仔細觀察月球。
望遠鏡裡頭有一些透鏡，它們的運作方式見p118。

97 製作月曆

需要準備：

- 12張紙
- 一組麥克筆

① 在12張紙上分別寫下12個月分，一張紙一個月分。
   在你出生月分的紙上另外寫下「我的生日」。

② 在「一月」「二月」「三月」三張紙上畫上雪人，表示冬天。在「四月」「五月」「六月」畫上花朵，表示春天，在「七月」「八月」「九月」畫上陽傘，表示夏天，在「十月」「十一月」「十二月」畫上飛舞的葉子，表示秋天。

③ 把12張紙依序排成圓圈放在地上，站到「我的生日」那張紙的旁邊。

④ 依照月分順序繞著圓圈走，兩次生日之間相隔多少個月？過了多少個季節？

對或錯？
每隔4年，二月分會有29天，
而不是28天。

如何從大自然看出一年的流逝？

在回到「我的生日」那張紙前，你需要走完一整圈，依次經過12個月分，同時，由花朵、陽傘、樹葉、雪人所代表的四個季節也會在你眼前輪流登場。要想從一個春天走到下一個春天，你必須經過12個月。一年，是兩個生日、兩個春天或兩個冬天之間所流經的時間，其實也是地球繞著太陽旋轉一周的時間，總共需要365天。

對。

地球繞行太陽一圈一周需要365又1/4天，但連續三年我們都捨去每年剩下的1/4天，到了第四年，不總計算了第4年，我們把3年所省下的3/4日，第4年也剛好是閏年。

春天是白晝變長、草木萌芽的季節，
p124會告訴你怎麼讓種子發芽。

98 「看見」年和世紀

需要準備：

- 一本字典
- 紙
- 一支筆

1 在一張紙最上方寫下「今天」，在其他紙的最上方分別寫下「我的出生」、「電腦」、「美洲」、「大教堂」。

2 打開書本第一頁，夾上寫有「今天」的紙，把書本闔上，但要讓紙的上方露出書頁。

3 依同樣的方式夾上寫有「我的出生」的紙，如果你6歲，就夾在第6頁，如果7歲就夾在第7頁。

4 將寫有「電腦」的紙夾在第70頁，將寫有「美洲」的紙夾在第520頁，將寫有「大教堂」的紙夾在第800頁。觀察字典書口被隔成好幾個部分。

你知道嗎？

恐龍在6千5百萬年前消失了，如果一頁代表一年的話，這段時間相當65000本1000頁的書！如果堆成一疊，等於8座艾菲爾鐵塔那麼高！

以下哪個事件比較久遠：
發現美洲或建造大教堂？

每一頁代表消失的一年。第一張紙代表現在，第二張紙代表你的出生，第三張紙表示電腦的發明，那是70年前的事。第四張紙表示哥倫布發現美洲，那是1492年的事，最後一張紙表示人類建造大教堂，那是800年前的事。看著字典被區分成幾個部分，你也發覺到這些事件和今天之間所經歷的時間，大教堂時期比發現美洲、電腦發明以及你的出生出現得更早。

電池是什麼時候發明的？答案就在 p154！

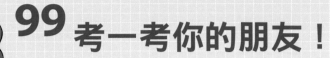

99 考一考你的朋友！

需要準備：

- 一部電視機
- 一支有秒針的手錶
- 一位朋友

① 請朋友坐下來。告訴他：「當我說『開始』時，請閉上雙眼，別動也別說話，直到我喊『停』為止。」

② 看著手錶。說「開始」，等秒針走玩一圈後才說「停」。

③ 再跟朋友說：「現在當我說『開始』時，你打開電視隨便轉台，等到我說『停』時，你得關掉電視。」

④ 看著手錶，說「開始」，等秒針走完一圈才說「停」。

時
間

你知道嗎？

動物對時間的認知跟我們不同。蒼
蠅的壽命是一個月。一個月對牠來
說很漫長，等於牠的一生。烏龜可
以活到150歲，一個月只是牠漫長
生命裡的一小部分。

為什麼一分鐘可以很冗長
也可以很短暫呢？

你的朋友閉上眼睛和看電視的時間其實一樣：都是一分鐘。
但他會覺得看電視的時間較短，很正常呀！我們的大腦會隨
著我們感到快樂或無聊而對時間有不同的認知。打電玩15分
鐘肯定比看牙醫15分鐘過得更快。同樣地，年紀越大，就覺
得時間過得越快：你的祖父感覺一年過得飛快，但你卻覺得
沒完沒了。

我們的眼睛也會欺騙我們，這叫做視覺幻象。
p142就有一個例子。

圖解
99個在家玩的科學實驗

2017年4月初版　　　　　　　　　　　　　　　　定價：新臺幣390元
2020年3月初版第二刷
有著作權‧翻印必究　　　　　　　　　　著　　者　Philippe Nessmann
Printed in Taiwan.　　　　　　　　　　　　　　　Charline Zeitoun
　　　　　　　　　　　　　　　　　　　繪　者　Peter Allen
　　　　　　　　　　　　　　　　　　　譯　者　陳　蓁　美
　　　　　　　　　　　　　　　　　　　叢書主編　李　佳　姍
　　　　　　　　　　　　　　　　　　　封面設計　三　人　制　創
　　　　　　　　　　　　　　　　　　　校　對　陳　佩　伶

出　版　者　聯經出版事業股份有限公司　　　副總編輯　陳　逸　華
地　　　址　新北市汐止區大同路一段369號1樓　總經理　陳　芝　宇
叢書主編電話　(0 2) 8 6 9 2 5 5 8 8 轉 5 3 2 0　社　長　羅　國　俊
台北聯經書房　台 北 市 新 生 南 路 三 段 9 4 號　發行人　林　載　爵
電　　　話　(0 2) 2 3 6 2 0 3 0 8
台 中 分 公 司　台 中 市 北 區 崇 德 路 一 段 1 9 8 號
暨 門 市 電 話　(0 4) 2 2 3 1 2 0 2 3
台 中 電 子 信 箱　e - m a i l : l i n k i n g 2 @ m s 4 2 . h i n e t . n e t
郵 政 劃 撥 帳 戶 第 0 1 0 0 5 5 9 - 3 號
郵 撥 電 話　(0 2) 2 3 6 2 0 3 0 8
印　刷　者　文 聯 彩 色 製 版 印 刷 有 限 公 司
總　經　銷　聯 合 發 行 股 份 有 限 公 司
發　行　所　新北市新店區寶橋路235巷6弄6號2樓
電　　　話　(0 2) 2 9 1 7 8 0 2 2

行政院新聞局出版事業登記證局版臺業字第0130號

本書如有缺頁，破損，倒裝請寄回台北聯經書房更換。　　ISBN　978-957-08-4937-0 (平裝)
聯經網址：www.linkingbooks.com.tw
電子信箱：linking@udngroup.com

國家圖書館出版品預行編目資料

99個在家玩的科學實驗/ Philippe Nessmann，
Charline Zeitoun著．陳蓁美譯．初版．新北市．聯經．
2017年4月（民106年）．224面．14.8×21公分（圖解）
ISBN　978-957-08-4937-0（平裝）
[2020年3月初版第二刷]

1.科學實驗　2.通俗作品

303.4　　　　　　　　　　　　　　　　106004931